Wo der Sturm mich grüßt, will ich vorwärts gehn,
wo die Stille ist, will ich bleiben stehn,
wo die vielen sind, zieh ich stumm vorbei,
wer das Gold gewinnt, ist mir einerlei.

Erich Limpach

Wolfgang Müller · Klaudia Kretschmer

Vulkane

Augenblicke
der Schöpfung *hautnah*

Tecklenborg Verlag

Inhalt

Immer Feuer und Flamme: Wolfgang Müller

Thomas Weisshaar

Bei tausend Grad Celsius taut Wolfgang Müller erst richtig auf. Ob in der Karibik, in Sibirien oder auf Hawaii: Er sucht das Inferno aus rotglühenden Lavaströmen, urweltlich blubbernden Gasblasen, heißer Schwefelluft, hoch aufschießenden Feuerfontänen und geschossartig niederprasselnden Gesteinsbrocken. Die Hölle der anderen ist Müllers Himmelreich.

Wenn er von seiner heißen Liebe erzählt, ringt der drahtige Mann nach Worten wie ein frisch verliebter Teenager: „Ich werde zu einem Teil des Geschehens. Ich vibriere und glühe mit den Urgewalten. Das ist ein Rausch, der alle Sinne überfordert." Müller ist süchtig nach Vulkanen: „Ich brauche diese Droge immer wieder."

In der Vulkanologen-Szene heißt der Deutsche aus dem Pfälzischen einfach der „Vulkan-Müller". Nicht nur durch seinen Wagemut wurde er international bekannt, sondern auch durch seine grandiosen Fotografien. Wie ein Maler, der seine Träume und Ängste in fantastischen Gemälden nach außen vermittelt, so kehrt auch Müller von seinen Höllentrips mit Bildern zurück, die von Welten erzählen, die den meisten Menschen verborgen bleiben. Alles, was Beine hat zu laufen, flieht instinktiv vor der Urgewalt missgelaunter Vulkane. Dabei könnten die Flüchtenden Müller begegnen, der erwartungsfroh in die entgegengesetzte Richtung marschiert. Seine Bilder von den Pforten zum Inneren der Erde ziehen den Betrachter in ihren Bann. Sie vermitteln eine Ästhetik, die fasziniert und gleichzeitig schaudern macht. Wolfgang Müller versteht es, solche Empfindungen zu transportieren. Dem renommierten Vulkanfotografen gelingen seine eindrucksvollen Bilder nicht allein deshalb, weil er sich stets sehr weit vorwagt, sondern weil sich in seinen Arbeiten etwas von der gleichsam magischen Beziehung zu seinen Motiven widerspiegelt. Gewiss, auf den ersten

Blick verkörpert dieser Mann den Hasardeur, der stets darauf brennt, Grenzen zu überschreiten. „Der Mensch ist zum Abenteurer bestimmt", sagt er und erzählt, wie er einmal, ganz ins Fotografieren versunken, plötzlich von Lavaströmen eingeschlossen war. Ein weiter Sprung auf eine erstarrte Scholle rettete ihn in letzter Sekunde vor dem Tod im zwölfhundert Grad heißen Lavabrei.

Gern berichtet Müller auch davon, wie auf Hawaii vor seinen Füßen ein ganzer Küstenstreifen aus erkalteter Lava in Sekundenschnelle abbrach und im Meer versank. Oder er erzählt, wie heiß eine feste Oberfläche sein kann, wenn unter ihr glühendes Gestein quillt: „Man denkt, warum rutscht der Boden, und dabei schmelzen doch nur die Schuhsohlen weg wie Wachs in der Sonne."

Müller ist Feuer und Flamme, wenn er seine abenteuerlichen Grenzerfahrungen schildert, doch er kann im nächsten Moment nachdenklich und leise werden, wenn er von den tieferen Beziehungen zwischen Vulkanen und Menschen spricht: „Die Vulkane sind unsere Ur-Mütter, sie stehen am Beginn der Schöpfung. Warum sollte ich da Angst vor ihnen haben?"

Tatsächlich entwickelte sich aus ihren Gasen, aus der „vulkanischen Exhalation", jene Uratmosphäre, aus der in Milliarden von Jahren die Luft entstand, die das Leben auf unserem Planeten zum Atmen braucht. Werden und Vergehen können sich kaum dramatischer offenbaren als in den Kräften, die aus dem Inneren der Erde durch die Krater dringen. Schon hunderttausendfach im Laufe der Geschichte erfuhren Menschen, die den schöpferischen Urgewalten zu nahe gekommen waren, ihr „Pompeji", fanden Tod und Verderben im Lavagrab.

Es mag Fatalismus sein, es mag ein Hauch mystisch geprägter Todessehnsucht mitschwingen, wenn Wolfgang Müller diese Form,

Wanderer zwischen Feuerregen und Schwefeldampf: Wolfgang Müller vor mäandernden Lavaströmen. Valle del Bove, Ätna 1992.

Wolfgang Müller innerhalb
des Nord-Ost-Kraters, Ätna 1990.
Dem gewaltigen „Blasloch"
entströmt infernalische Hitze.

Big Island, Hawaii:
ein Lavastrom fließt in
den Pazifik. Die plötzliche
Begegnung zwischen
glutflüssiger Lava und
kaltem Meerwasser
schafft explosive „Augen-
blicke der Schöpfung".

deutlich, wie die Kräfte auf unserem Planeten wirklich verteilt sind. Die größten bislang beschriebenen Eruptionen wie die des Kraka-tau in Indonesien 1883 führten über mehrere Jahre zu Verände-rungen des Weltklimas, da sich der Aschestaub als Filter in der Atmo-sphäre verteilt.

Eine solche Explosion besitzt die Sprengkraft von einer Million „Hiroshima-Bomben". Der Knall ist über Tausende von Kilometern zu vernehmen. Es kann aber auch geschehen, dass die angestauten Magmen schlagartig freigesetzt werden und in fünfzig Stundenkilo-meter schnellen Strömen abfließen und alles Leben unter sich begraben.

Wolfgang Müller gerät ins Schwärmen, und er kann sicher sein, dass stets irgendwo irgendwelche Vulkane im roten Bereich brodeln. Jeder fünfte der etwa fünfhundert aktiven Vulkane auf der Welt gehört in diese brisante Kategorie. Wie etwa der Soufrière auf Montserrat in der Karibik. Müller war selbstverständlich gleich an Ort und Stelle, nachdem sich der Vulkan, den man schon erloschen geglaubt hatte, mit einer kilometerhohen Wasserdampfsäule unmissverständlich in den Kreis werktätiger Vulkane zurückgemel-det hatte. „Vulkane bleiben unberechenbar, ob man nun, wie in Südost-Asien, zur Vorhersage von Ausbrüchen Schlangen als Senso-ren einsetzt, die auf Mikro-Beben reagieren, oder ob man sich, wie auf Montserrat, modernster Elektronik bedient." Die meisten Men-schen wiegen sich in Sicherheit, weil sie sich fernab vulkanischer Aktivitäten wähnen. Aber diese Sicherheit ist trügerisch, auch, zum Beispiel, in Deutschland, denn nach wie vor nimmt die brave Eifel einen Spitzenplatz in der „Magma-Charta" potenzieller Vulkantätig-keiten ein. „Doch das kann vielleicht noch zehntausend Jahre

in den Urschoß des Lebens zurückzukehren, für eine gute Art hält, sich in das Unausweichliche zu fügen. So weit wie der griechische Philosoph Empedokles will er allerdings nicht gehen. Der soll sich, in absoluter Vergötterung des vulkanischen Feuers, vor fünfzehn-hundert Jahren in den glühenden Schlund des Ätna gestürzt haben.

„Vulkane machen demütig", sagt Müller, „und sie führen gleich-zeitig zu einer großen Unabhängigkeit von den vielen Dingen, die wir Menschen für wichtig halten, die aber im Grunde banal sind. Im Angesicht dieser Naturgewalten bin ich klein und unbedeutend. Das macht mir nicht Angst, das befreit mich."

Um ein Gefühl für die Erhabenheit der Natur zu entwickeln und gleichzeitig die Bedeutung des Menschen auf ein angemessenes Maß zu reduzieren, bedarf es nicht kosmischer Dimensionen. Solche Einsichten können schon die irdischen Vulkane vermitteln. Gäbe es weder Vulkane noch deren unstete Geschwister, die Erdbe-ben, so wäre das Weltbild der Menschen wohl recht oberflächlich geblieben, und es hätten sich womöglich nie die Visionen von Fege-feuer, Hölle oder Apokalypse entwickelt. Vulkanausbrüche machen

Am gasenden, von leuchtend gelben Schwefel-Ablagerungen bedeckten Kraterrand der Bocca Nuova, Ätna im Juni 2001. Die hoch aufragende Gesteinspyramide war einst Bestandteil der Trennwand zwischen Bocca Nuova und La Voragine.

Big Island, Hawaii – ein Lavastrom erreicht den Pazifik. Explosionsartig verdampfendes Wasser schleudert im Kontakt mit der glühenden Schmelze Lavafetzen in die Höhe.

dauern, bis in der Eifel ein Vulkan ausbricht, was freilich in geologischer Zeitrechnung ein Wimpernschlag ist", sagt Müller, und es klingt Bedauern an, dass die Chance dabei zu sein äußerst gering ist.

Ein Leben ohne Vulkane ist für Wolfgang Müller undenkbar geworden. Damit er den eruptiven Gewalten auch zu Hause ganz nahe sein kann, zog er auf die Äolische Insel Stromboli, wo der gleichnamige Vulkan, ganz nach Müllers Geschmack, daueraktiv ist. 1980 kaufte er das Haus, das dem Kraterrand am nächsten ist, und taufte es Casa Micia. Ein Traumhaus in unverbaubarer Vulkan-

lage. Mit diesem Schritt begann er sein zweites Leben: Er wurde zum „Vulkan-Müller".

In seinem ersten Leben hieß er noch „Power-Müller", da entwickelte er mit Begeisterung V8-Motoren für Daimler-Benz und fuhr erfolgreich einsitzige Rennwagen in der Formel V. Was er tat, er tat es mit Leidenschaft. Und doch war es seine entscheidende Seelen-Häutung, als er sich, wie er sagt, von den Maschinen abwandte und sich der Natur ergab. Heute lebt er in einer ganz eigenen Welt der Wunder: Ein unsteter Mann hat seinen Platz gefunden.

Ätna – Sizilien

Die Namen, die die Sizilianer ihrem gutmütigen Vulkanriesen gaben, zeugen von Liebe und ehrfurchtsvollem Respekt. 'U Giganti, 'a Muntagna, Mongibello – für sie ist er „der Berg der Berge".

Gemeinhin gilt er als Europas höchster und aktivster Vulkan. Diese Definition wird der Bedeutung des Symbols Siziliens nicht gerecht. In Wirklichkeit ist der Ätna einer der größten, aktivsten und bedeutendsten Vulkane des gesamten Erdballs. Unzählige Generationen verschiedener Kulturen, von der Antike bis in die heutige Zeit, fühlten und fühlen sich von ihm angezogen.

Der sizilianische Vulkan-Gigant vereint auf seinen Flanken die Klimazonen eines ganzen Kontinents – von den üppigen, subtropischen Küstenstreifen an seinem Fuße längs des Ionischen Meeres über die mitteleuropäisch anmutenden Laub- und Nadelwälder auf seinen Anhöhen bis zum vegetationslosen, in den Wintermonaten tief verschneiten Gipfelbereich auf über 3.300 Meter Höhe. Erst vor etwa 600.000 Jahren erhob er sich aus einer weitläufigen Meeresbucht, die er heute mit seinen 45 km Durchmesser vollständig ausfüllt. Der eigentliche Vulkanbau ist allerdings nur knapp über 2.000 Meter hoch, er liegt einem Sockel von Sedimentgesteinen auf und setzt sich aus überlagernden Produkten älterer Eruptiv-Zentren zusammen.

Aus der Ferne betrachtet wirkt der Ätna mit seinen sanft ansteigenden Hängen wie ein Spiegelbild Trinacrias, der dreieckigen Inselkontur Siziliens. Kommt man diesem Riesen näher, so strukturiert er sich zu einem äußerst komplexen, vielfältigen Vulkangebirge mit über 200 „Kindern", so genannten Adventivkegeln auf seinen Flanken und mehreren Calderen (Einsturzkratern), wobei die größte und bizarrste, die Valle del Bove („Ochsental"), fünf mal acht Kilometer misst.

Vier aktive Krater krönen seinen nackten Gipfel. In den steil aufragenden zentralen Aschenkegel sind der Hauptkrater La Voragine („der Schlund") oder Chasm genannt und die 1968 aus einem kleinen, zwei mal drei Meter großen Blasloch entstandene Bocca Nuova („neuer Mund"), der heute mit Abstand größte Krater, eingebettet. An dessen Nordflanke erhebt sich der 1911 entstandene Nord-Ost-Krater, und die Südostflanke besetzt der 1971 gebildete Süd-Ost-Krater. Das Spektrum der vulkanischen Aktivität des Ätna ist vielfältig. Die Eruptionen im Gipfelbereich bilden für die umliegenden Ortschaften in der Regel keine Bedrohung. Gefährlich wird es, wenn auf der unteren Flanke Eruptionsspalten aufreißen und sich umfangreiche Lavaströme auf Siedlungen und intensiv kultiviertes Land zuwälzen. Die äußerst fruchtbare Erde des Vulkans ist für die Anrainer des Ätna aber Grund genug, dieses Risiko in Kauf zu nehmen. Sie hat unzählige Menschen reich gemacht.

„Initialzündung" auf dem Mongibello

Wolfgang Müller

1967 bestieg ich den Ätna zum ersten Mal. Das ausgedehnte, die umliegenden Bergketten weit überragende Vulkanmassiv fesselte mich sofort mit mystischer Anziehungskraft. In seinem Gipfelbereich umfing mich eine fremdartige Landschaft, wie auf einem fernen Planeten. Eine steinige Einöde ohne jegliche Vegetation. Schwarze Aschenfelder, durchzogen von bizarr aufgeworfenen Lavaströmen. Eine abweisende, scheinbar leblose Wüste, die in einem Ensemble hoch aufragender Kraterkegel kulminierte. In dieser Landschaft regte sich die Erde. In ihrem Inneren brodelte ein geheimnisvolles Feuer, das die Steine zum Leben erweckte. Hier offenbarte sich mir die Dynamik unseres Planeten. Hier konnte ich zuschauen, wie Erde neu geboren wird.

Der Vulkan Ätna initiierte in mir einen Prozess des Dialog-Suchens mit der Natur. Ich erkannte, dass Werden und Vergehen untrennbar zusammen gehören, einen immer während Kreislauf bilden, um den Gesetzen der Evolution zu genügen. Nirgendwo konnte ich deutlicher das Spannungsfeld Tod und Geburt so intensiv und während solch kurzer zeitlicher Abfolge erleben als am Ätna. Landschaft wird zerstört und mit den Stoffen der Urschöpfung, Magma, und den in ihm gelösten Gasen neu erschaffen. Reine Erde, keimfrei, sichtbar in allen Rot-, Grau-, und Schwarztönen, fühlbar durch die Strahlungshitze, riechbar durch das diffundierende Gas, hörbar durch die vielfältigen Eruptionsgeräusche voller Kraft und Energie, wird geboren in eigenwilligen, nicht vorhersehbaren Strukturen.

Der Mensch hat keinerlei Einfluss, ist ohnmächtig gegenüber der Urgewalt der Natur. Modernste Messtechnik und wissenschaftliche Erkenntnisse, mit denen Ausbruchs-Indikatoren wie Seismik, Aufwölbung, Erdschwere, Gaszusammensetzung, Gastemperatur, Entgasungsmenge, Radioaktivität, Aerosole (winzige im Gas vermischte Feststoffpartikel), Erdmagnetismus sowie elektrische Felder erfasst werden, vermögen nur gröbste Wahrscheinlichkeitsaussagen zu machen über bevorstehende vulkanische Aktivität, vorausgesetzt solche Messungen werden zur Überwachung eines Vulkans permanent durchgeführt.

Der „Berg der Berge" ist erhaben über den menschlichen Zugriff und seine allumfassenden Begierden. Hier demonstriert die Natur durch die Entfesselung ihrer elementaren Kraft, dass der Mensch durch sie hervorgebracht wurde und dass seine Macht begrenzt ist. Unserer erhabenen Gattung wird die Rolle zugewiesen, die ihr zusteht: höchst entwickeltes Lebewesen zu sein mit daraus hervorgehender Verantwortung, die Bedingungen für die Bewohnbarkeit dieses Planeten zu erhalten.

Der Vulkan Ätna ist – wie alle aktiven Vulkane auf diesem Planeten – ein extremes Naturphänomen, ein Fenster zur Jahrmillionen zurückreichenden turbulenten Urzeit dieser Erde. Der aktive Vulkan gewährt mir einen Blick aus der Gegenwart in eine unvorstellbar weit zurückliegende Vergangenheit. Das macht mich demütig und flößt mir Ehrfurcht vor der Schöpfung ein. Und es erfüllt mich immer wieder mit einem Glücksgefühl über mein nacktes Sein.

In der „blauen Stunde" entfaltet die
Eruption ihren urgewaltigen Charme:
Paroxysmus des Süd-Ost-Kraters
im Jahr 2001. Aus dem Levantino ergießt
sich die Lava in üppigen Strömen.

Oben: Ausstoß glühender Lava-Schlacken. Blick in
einen Hornito am Fuß des Süd-Ost-Kraters 1998.

Links: Lavasee im Süd-Ost-Krater am 1. November
1986. Direkt vor meinem 24 mm Objektiv
explodiert eine Lavablase mit fünf Metern Durchmesser.

Inferno am Nord-Ost-Krater

Wolfgang Müller

Von meiner Wohnung in Nicolosi mache ich am Vormittag des 24. September 1986 eine spannende Beobachtung: Als scharf voneinander getrennte Säulen quellen auf der westlichen Seite des Nord-Ost-Kraters rotbraune, aus alten Gesteinspartikeln bestehende Wolken empor und auf der östlichen Seite blendend weißer, mit Gasen durchsetzter Wasserdampf. Offenbar hat aufsteigendes Magma eine Wasser mitführende Schicht oder eine fossile Eisbarriere im Inneren des Vulkanbaus tangiert. Die schlagartige Volumenzunahme bei der Umwandlung des Wassers in Wasserdampf lässt den Druck stark ansteigen. Expandierender Wasserdampf und aufsteigendes, aufschäumendes Magma schießen den Förderschlot frei. Es ist der Auftakt zur größten Ätna-Eruption des 20. Jahrhunderts.

Ich informiere die Universität in Catania und beschließe, am Kraterrand Tremor-Messungen zu riskieren. Die Bewegungen emporsteigenden Magmas erzeugen Druckimpulse, die auf die Wände der magmaführenden Kanäle übertragen werden und sich als Schallwellen im festen Teil des Vulkanbaus weiter ausbreiten – vergleichbar mit dem Rauschen schnell durch die Leitung strömenden Wassers. Die niedrig frequenten Schwingungen, die dabei entstehen, werden als vulkanischer Tremor bezeichnet. Durch das vom Institut rund um den Ätna installierte Netz von äußerst empfindlichen Seismometern werden rund um die Uhr feinste Bodenvibrationen aufgezeichnet, die auf verschiedene dynamische Prozesse im Inneren des Vulkans hinweisen. Es wäre interessant zu erfahren, inwieweit die unterschiedlichen Messwerte miteinander korrelieren.

15 Uhr 30: Mit kiloschweren Messinstrumenten im Gepäck schwinge ich mich auf meine Instituts-Motocross und fahre auf der mäandernden Aschenpiste zum Gipfelbereich hinauf. In 3.200 Meter Höhe steige ich von der Maschine. Der befahrbare Pfad ist zu Ende. Verwundert sehe ich ein paar Menschen den Berg herunterrennen. Wild gestikulierend kommen sie auf mich zu. Es sind drei französische Vulkanwissenschaftler. Sie hasten, ohne inne zu halten, an mir vorbei. Der Nord-Ost-Krater sei im Begriff zu explodieren, rufen sie – ich solle abhauen!

Auch die Bergführer machen sich in aller Eile aus dem Staub. Hochgespannt, voller Erwartung, marschiere ich in die entgegengesetzte Richtung – zum Einstiegs-Sattel des Nord-Ost-Kraters. Die Situation hat sich bereits drastisch verändert. Inzwischen quellen mit hoher Geschwindigkeit dicke, rehbraune, blumenkohlförmige Aschenwolken aus dem Krater. Ich befinde mich 150 Meter vom Kraterrand entfernt. Ein eigenartiges, dumpfes Brummen liegt in der Luft. Als ich den Einstiegs-Sattel erreiche, vibriert der Boden, auf dem ich mich bewege, auf beängstigende Weise. Ein drei Meter breiter Felsblock, an den ich mich anlehnen will, schüttelt mich buchstäblich hin und her. Um fotografieren zu können, stelle ich mich wieder frei hin, und versuche, die Schwingungen mit meinem Körper zu dämpfen.

Für mich ist klar, ich werde hier etwas Außergewöhnliches erleben. Die Aschenfontänen jagen stoßartig in die Luft und überholen sich dabei gegenseitig – wie bei einer überdimensionalen Dampflokomotive. Allmählich zischen immer mehr Gesteinsblöcke und vulkanische Bomben durch die himmelwärts geschleuderten Aschenwolken. Sie ziehen helle Gasschweife wie Kondensstreifen hinter sich her. Die hierbei entstehenden, enormen Luftturbulenzen erzeugen elektrostatische Felder und sorgen gleichzeitig für deren stetige Entladungen. Die mittlerweile graubraune, etwa 1.800 Meter hohe Aschensäule wird von bizarren, grellweißen Blitzen durchzuckt, denen trockenes Donnerkrachen folgt. Die ersten bis

24. September 1986: Hochgespannt und voller Erwartung marschiere ich zum Einstiegs-Sattel des Nord-Ost-Kraters. Mächtige Eruptionswolken quellen mit hoher Geschwindigkeit aus dem Krater. Ich befinde mich 150 Meter vom Kraterrand entfernt. Ein eigenartiges, dumpfes Brummen liegt in der Luft. Der Boden, auf dem ich mich bewege, vibriert auf beängstigende Weise.

Eskalierende Eruption des
Nord-Ost-Kraters am
24. September 1986. Immer
mehr Gesteinsblöcke und
vulkanische Bomben zischen
durch die himmelwärts
geschleuderten Aschen-
wolken. Sie ziehen
helle Gasschweife wie
Kondensstreifen hinter sich
her. Aufnahmen aus
300 Meter Entfernung.

Blumenkohlförmige
Eruptionswolken jagen
stoßartig in die
Luft und überholen sich
dabei gegenseitig.

Der in den Wintermonaten tief
verschneite Gipfelbereich des Ätna ragt
in alpine Höhen von über 3 300 Meter.
Eisige Stürme tragen in Senken bis zu
zehn Meter hohe Schneeverwehungen
zusammen. Große Massen vulkanischen
Auswurfmaterials während winterlicher
Eruptionen decken die mächtigen
Schneelagen ab, entziehen sie der
Sonnenwärme, pressen sie zu
kompakten Eisschichten zusammen und
vermögen sie über sehr lange Zeiträume
innerhalb des Vulkanbaus zu konser-
vieren. So sind in ihm mit Sicherheit
größere Schnee- und Eisvolumina
eingebettet. Trifft in Rissen und Klüften
emporsteigendes Magma auf eine
Eislage, reagiert es durch den expandierenden Wasserdampf langsam bis
explosionsartig. Der Druck des Wasserdampfes potenziert die eruptive
Energie, und möglicherweise kommt es
dadurch zu einer früher eintretenden
und heftigeren Eruption. Am 24.
September 1986 wird die größte Ätna-
Eruption des 20. Jahrhunderts aus
meiner Sicht auf diese Weise ausgelöst.

fünfzig Zentimeter großen Gesteinsbrocken klatschen nicht weit von meinem Standort entfernt zu Boden. Widerwillig ziehe ich mich hundert Meter zurück und stehe schließlich wieder neben meinem Motorrad. Das ursprünglich gar nicht dramatische, eher geheimnisvolle Rauschen wird jetzt übertönt durch ein ununterbrochenes Prasseln von Gesteinsblöcken, die auf die Bergflanke zurückfallen. Gebannt warte ich ab und beobachte das dramatische Geschehen. Ich bin mir bewusst, dass ich mich direkt im Eruptionsbereich befinde – viel zu nahe. Aber gerade das lässt mich ganz cool werden. Außergewöhnliches bekommt man im Leben nicht geschenkt. Auf solch einen Ausbruch warte ich seit neunzehn Jahren. Jetzt darf ich ihn aus nächster Nähe mit allen Sinnen erleben.

Hahnenkammförmige Gesteinsgarben schießen aus den aufsteigenden Aschensäulen. Das dumpfe Aufschlaggeräusch von größeren Brocken ist bereits hinter mir zu hören. Mein erster Standort wird im Trommelfeuer mit Auswürflingen übersät. Wieder ziehe ich mich etwa siebzig Meter zurück und beobachte dabei aufmerksam den Himmel über mir. Trotz meines Rückzugs habe ich nicht den Eindruck, ich sei vom Geschehen nun weiter entfernt. Die Eruption scheint sich mir mehr und mehr zu nähern. Ich werde immer stärker einbezogen und fühle mich seltsamerweise unverwundbar und sicher. Eine ungeheure Erwartungsspannung erfüllt mich: was geschieht im nächsten Augenblick?

Mit meiner Frau Helga hatte ich abgesprochen, dass wir uns hier oben treffen, ohne von der dramatischen Entwicklung zu ahnen. Unglaublich – sie erscheint neben mir. Wie ist es möglich, in dieses Verderben zu laufen? Alleine mitten im Chaos. Wir beobachten große Blöcke, die fast zwei Kilometer hoch in die Luft geschleudert werden. Die gesamte Bergflanke lebt. Sie ist überzogen mit Staubwolken, die beim Aufschlagen der größeren Gesteinsbrocken

aufwirbeln. Auf der Westflanke entsteht ein Entgasungsteppich. Er wirkt wie eine sich langsam bewegende, wabernde Wasseroberfläche, die durch das kontinuierlich aufsteigende Gas nur partiell sichtbar ist. Der Gasdruck im Inneren des Vulkans muss unvorstellbare Werte annehmen. Helga reißt mich aus meinem gebannten Staunen. Blöcke und Bomben sausen bereits in unmittelbarer Nähe zu Boden. Wieder ziehen wir uns etwa vierzig Meter zurück.

17 Uhr 50: Ein Inferno bahnt sich an. Auf der Westseite des Nord-Ost-Kraters schießt eine sattrote Lavafontäne in den Himmel. Nach wenigen Minuten wächst sie auf 700 bis 800 Meter Höhe bei einer Breite von ca. 60 Meter an ihrer Basis. Die vor uns aufsteigende Feuersäule schleudert uns eine beklemmende Hitzewelle entgegen. Das Aufschlagen der Lavafladen und Gesteinsbrocken wird übertönt von lautem Rauschen. Jetzt strömt das fontänenartig hochspritzende, leuchtend rote Gestein wie ein Wasserfall zurück

Die Bergflanke lebt. Der Gasdruck im Inneren des Vulkans muss unvorstellbare Werte annehmen.

Durch dieses Foto, das ich von Touristen erhielt – aufgenommen in 120 Kilometer Entfernung bei Tropea an der Küste Kalabriens, konnte ich anhand des knapp 1.900 Meter hohen Vorgebirges der Monti Nébrodi eine Eruptionshöhe von 19 Kilometer feststellen.

Viele Menschen befürchteten beim Anblick des sich am Himmel ausbreitenden gewaltigen Schirms eine Nuklear-Explosion auf Sizilien. Die senkrecht bis in die Stratosphäre (10 – 50 km) aufsteigende Eruptionswolke aus Aschen, Gasen und Gesteinstrümmern, die – von Blitzen durchzuckt – die typische Form einer Pinie annimmt und die wir heute Plinianische Eruptions-Säule nennen, überdeckte den gesamten Ätna.

zur Erde, in unsere Richtung. Ein Lavateppich von etwa ein bis zwei Meter Höhe bildet sich. Er kriecht langsam auf uns zu. Der Glutvorhang „fließt" auf halber Strecke zwischen Lavafontäne und unserem Standort zurück zur Erde. Das Aufschlaggeräusch klingt etwas härter als Wasser. Die Hitze wird unerträglich. Helga schreit, ich sei wahnsinnig und flüchtet den Hang hinunter.

Innerhalb von Sekunden wandelt sich das Inferno zur Apokalypse. Um mich herum und bereits weit hinter mir prasseln teller- bis regenschirmgroße, noch teigige Fladen wie ein Platzregen zu Boden. Ich werde von kleineren Brocken auf Helm und Rücken getroffen. Es ist zu spät, ich habe zu lange gewartet! Ich kann nicht mehr hochsehen. Die zwei geschichteten Feuerwände, die zurückströmende Lavafontäne und der auf die Erde zurückfallende Gesteinsvorhang hinter mir lassen mich kaum mehr atmen. Wie in Trance, aus Angst zu verschmoren, setze ich mich auf die Motocrossmaschine und rolle – in wildem Zickzack den Brocken ausweichend – achtzig Meter die Bergflanke hinunter. Ein mächtiger Fladen – etwa ein Meter groß – schlägt mit lautem Zischen vor mir auf den Boden. Die Luftdruckwelle wirft mich fast um. Schließlich versperrt mir ein frischer Lavastrom den weiteren Fluchtweg. Ich lasse das Motorrad stehen. Um mich herum ist es düster. Der Himmel ist verdunkelt und das Prasseln hat mich erneut überholt. Ich begreife nicht – ich lebe noch. Ein Blick zum Gipfel, die Feuerwalze läuft stetig auf mich zu. Rings um mich schlagen mit drohendem Zischen die Brocken ein. An weiteres Hochschauen, um ihnen ausweichen zu können, ist nicht mehr zu denken. Ich springe über den glühendheißen, vier Meter breiten Lavastrom in eine Illusion. Keine Chance! Wie in Trance laufe ich weiter im Zickzack um die Impaktkrater und die glutheißen Fladen und Gesteinstrümmer

herum, die ständig einschlagen. Jeder Brocken könnte mich treffen. Von geheimnisvoller Macht beschützt, irre ich weiter. Angst zu sterben habe ich nicht. Jedoch nur nicht von flüssigem Gestein überrollt werden, nur nicht verbrennen! Meine Sinneswahrnehmung ist bereits stark eingeschränkt, ich nehme meine Umgebung nur noch gedämpft wahr.

Was will ich eigentlich, ich muss doch froh sein. Ich lebe gerade einen meiner ganz großen Träume: Einmal integriert zu sein in eine gewaltige Eruption! Vielleicht wegen dieser unerwarteten Erfüllung bin ich von einer unheimlichen inneren Ruhe beseelt. Eine unwirklich anmutende, weil paradoxe, tiefe Ausgeglichenheit gibt mir Seelenfrieden.

Ich komme mir vor wie in einem Hexenkessel, schwebend, körperlos. Meine Knie spüre ich nicht mehr. Stolpern, hinfallen, wieder aufrappeln, bewegen ohne physische Wahrnehmung. Es wird Nacht…!

Plötzlich komme ich wieder zu mir, lebend, wundersam. Stille! Über mir ein riesiger dunkelbrauner Aschenschirm, der die untergehende Sonne verschlingt. Dämmerlicht umgibt mich. Die gewaltige, pinienförmige Wolke spendet mir vermeintliche Geborgenheit. Ihr schwarz-rötlicher Sockel weist drohend gen Himmel. In vollendeter Formgebung und erstaunlicher Ästhetik überdacht sie die gesamte Bergflanke oberhalb von 1.600 Meter. Die plötzliche Ruhe, untermalt von zartem Rauschen unaufhörlich herabrieselnder Aschen und Lapilli, gibt mir die Gewissheit, dass die Eruption vorüber ist. Allmählich kehrt mein Bewusstsein zurück. Ein unbeschreiblicher Friede umgibt mich. Ich bade in Glücksgefühl und Zufriedenheit. Nicht sehr weit unterhalb von mir entdecke ich Helga. Auch sie ist unversehrt. Wir sind neu geboren.

Mediterraner Feuerberg mit alpinem Charme

Klaudia Kretschmer

Die Gipfelregion des Ätna im Winter zu erleben, ist für Wolf und mich ein großes Geschenk. Von Dezember bis März verbreitet der Vulkan einen geradezu alpinen Charme. Seine tief verschneiten und vereisten Höhen sind nur mit adäquater Ausrüstung zu erreichen. Meist gehört sie uns allein: Eine gleißende Zauberlandschaft aus Schnee und Eis, unter der die rohe Vulkan-Gewalt gasend schlummert. Dank unserer sizilianischen Freunde, die jeden Tag auf dem Berg arbeiten, lassen wir den Trubel des Skitourismus weit unter uns und dürfen die herrlich einsamen Höhen des Vulkans genießen, wie es nur wenigen Menschen zuteil wird, ohne beißende Kälte, Nebel und schneidenden Sturm zu scheuen.

Jeder Morgen beginnt mit einem neugierig-prüfenden Blick zum Himmel. Wütende Graupelschauer hatten uns tagelang in die Geborgenheit unseres winzigen Ätna-Domizils verwiesen. Die Höhen des Vulkans lagen unter einer milchigen Wolkenglocke verborgen. Es ist der 23. Februar 2004. Endlich. Das trübe Grau ist weggeblasen. Ein klarer, sonniger Wintertag bricht an. Der schneebedeckte Ätna-Gipfel erstrahlt in befreitem Himmelsblau. Erwartungsfroh fahren wir hinauf zum Rifugio Sapienza, dem Touristenzentrum auf 1.900 Meter Höhe. Vor der alten Seilbahnstation treffen wir unverhofft auf Giovanni Tomarchio. Wir begrüßen uns herzlich. Giovanni ist Kameramann bei der Fernsehgesellschaft RAI in Catania. Seit über zwanzig Jahren spürt er den Launen und den Wundern des Ätna nach. Kein eruptives Ereignis, kein außergewöhnliches Naturphänomen seines Vulkans, das er nicht mit eindrucksvollen Aufnahmen dokumentiert und mit tiefgründigen Kommentaren begleitet. Die Wurzeln seiner Ätna-Leidenschaft liegen in der Val Calanna, einer stillen, von unzugänglichen Lavawällen abgeriegelten „Schatztruhe" der Natur in der weitläufigen Caldera Valle del Bove. Auch ihn locken die winterliche Pracht, die kristallklare Luft und die günstigen Windverhältnisse auf den Gipfel. Spontan beschließen wir, die Exkursion gemeinsam anzugehen. Unser Herzensbruder Nino Mazzaglia, Chef der Seilbahnstation und wie kaum ein anderer Mensch mit dem Ätna leidenschaftlich „verwachsen", bringt uns auf der verschneiten, teils vereisten Piste auf 2.600 Meter Höhe hinauf. Die Temperaturanzeige im Display seines Jeeps zeigt acht Grad unter Null. Wir schälen uns aus dem Geländewagen. Geblendet von gleißendem Licht treten wir hinaus ins Freie und sind erstaunt. Auch hier oben ist es fast windstill, und die Sonne entfaltet bereits eine enorm wärmende Kraft. Der dick

Immer wieder schafft die Naturgewalt bizarre Skulpturen. Unter dem Gewicht der aus den Kratern herausgeschleuderten Lavabrocken wird der Schnee so stark zusammengepresst, dass er bis in die Sommermonate hinein als eisiger Sockel erhalten bleibt.

Die von den Aschen-Eruptionen des Süd-Ost-Kraters melierten Schneelagen auf den Höhen des Ätna. Blick auf die Gipfelkrater.

vereiste Boden zwingt uns umständlich, die Steigeisen an die klobigen Bergschuhe zu schnallen. Etwas schwerfällig stiefeln wir los. Wir müssen uns wieder einlaufen. Doch bald finden wir unseren Rhythmus und schreiten im Einklang mit der stillen, großartigen Natur sanft bergan. Mit jedem Schritt bohren wir die Eisen fest in das blanke Eis. Zunächst bewegen wir uns in Richtung Süd-Ost-Krater. Nach einer halben Stunde strammen Marsches verwandelt sich der Untergrund von der glatten, ebenmäßigen Eisfläche in bizarr strukturierten Zackenfirn, den man auch Büßerschnee nennt, ein typisches Phänomen für die Hochgebirge der trockenen Tropen und Subtropen. Es entsteht während trockener Wetterperioden durch Abschmelzung (Ablation) bei starker direkter Sonnenstrahlung, häufigem Frostwechsel und geringer Luftfeuchtigkeit. Die ganze Südflanke der Bocca Nuova ist von Schnee- und Eispyra-

miden bedeckt. Wo sich dunkle Aschen- und Lavapartikel auf dem Eis erwärmten, hat sich die Sonne tiefer eingebrannt, so ist der zackige Firn in unterschiedlicher Höhe aus dem Eis herausmodelliert – stellenweise bis zu zehn Zentimeter hoch. Der zunehmend steiler werdende Hang ragt vor uns auf wie ein eisiges Nagelbrett. Unsere schweren Bergschuhe knicken auf dem unebenen Grund immer wieder weg.

Als wir nach anderthalb Stunden endlich den in gleißendes Sonnenlicht getauchten Kraterrand der Bocca Nuova erreichen, trauen wir unseren Augen nicht. Die auf dem Gipfelplateau verstreuten Felsblöcke sind mit Abertausenden glitzernder „Federn" bedeckt – Federn aus Eis. Im Gebrüll eisiger Gipfelstürme sind sie auf den Felsen gewachsen. Einige dieser filigranen Eisskulpturen sind bis zu zwanzig Zentimeter lang und liegen leicht gebogen

Götterfunken scheinen
auf den Ätna herabzuregnen…
Vulkan-Symphonie aus
Feuer, Gas und Eis unter dem
winterlichen Nachthimmel.

Winterliche Eruption,
vom Monte Zoccolaro
aus fotografiert.

übereinander, ähnlich dem geplusterten Gefieder eines Vogels. Andere wiederum sind kurz und dicht aneinandergedrängt und erinnern an Blütenblätter von Rosen – eisigen „Ätna-Rosen". Das Erstaunlichste jedoch ist, dass feiner, rotbrauner Saharasand, der mit dem Scirocco nach Sizilien getragen wurde, in die Eisskulpturen „eingebacken" ist. Jede einzelne Feder, jede einzelne Rose ist bis auf ihre in reinem Weiß glitzernde Spitze in pastellfarbenes Orange getönt. Ein Naturphänomen, wie wir es nie zuvor gesehen haben. Hingerissen von diesem Anblick – wie unerwartet in ein eisiges Märchenland zwischen Himmel und Erde geraten – zerstreuen wir uns und fangen an zu fotografieren und zu filmen. Es tut fast weh, zu hören, wie diese zarten Gebilde unter unseren Schritten zerbrechen und mit einem helltönenden Klickern die Anhöhe hinabkul-

lern. Jeder von uns ist trotz steif gefrorener Finger hingebungsvoll in diese Zauberwelt vertieft. Die beiden riesigen Krater der Bocca Nuova, Ziel unseres Aufstiegs, treten unbeachtet in den Hintergrund. Erst die verstreut liegenden, mit Eis-Rosen verzierten Felsen führen uns allmählich in ihre Richtung. Am Kraterrand treffen wir wieder aufeinander, jeder mit glückseligem Strahlen im Gesicht. Zeit für eine Stärkung. Giovanni teilt mit uns seinen Proviant: *cotognata* – Quittenbrot – fruchtig-aromatische „Energieriegel" auf traditionelle sizilianische Art.

An den nahezu senkrecht abfallenden Wandungen des westlichen Bocca Nuova-Kraters haftet Schnee und Eis. Das Innere des Kraters wird immer wieder durch Gasschwaden verhüllt, die aus der Tiefe hervorquellen. Aus dem vermeintlichen Nichts gähnt uns

Mediterraner Feuerberg mit alpinem Charme

trügerische Ruhe entgegen. Je weniger aktiv ein lebender Vulkan erscheint, desto gefährlicher kann er sein. Der Druck aufgestauter Gase kann sich jeder Zeit durch einen verheerenden Schloträumer, eine vernichtende Explosion, entladen. Der Krater erscheint ruhig, wirkt aber wie mit einer rätselhaften Gewalt geladen. Im August 1979 kamen bei einer unerwarteten Explosion aus der Bocca Nuova mehrere Touristen, die mit ihrem Führer am Kraterrand standen, ums Leben.

Eine vierzig Meter lange, üppig gasende Fraktur lockt uns zur etwas kleineren Schwester, dem Ostkrater. Hier können wir zwar unbeeinträchtigt vom Gas in die gähnende Tiefe blicken, jedoch ist keinerlei Aktivität zu erkennen. Auch hier kündet die spannungsgeladene Ruhe vom nächsten Sturm.

Nach drei Stunden Aufenthalt im Kraterbereich der Bocca Nuova mahnt uns die sinkende Sonne zur Rückkehr. Dennoch bleibt uns zum Abstieg genügend Zeit, um die Einsamkeit zwischen Himmel und Erde ausgiebig zu genießen. Die Augen schweifen in die Ferne. Unter uns ausgebreitet liegt Sizilien wie eine lebendige, atmende Landkarte. Bis zu den Höhenzügen der Madonie tief im Nordwesten, reicht der Blick. Er schweift über die Hügelwellen des Landesinnern hinweg bis zu den rauen, teils schneebedeckten Gipfeln, die die Bucht von Palermo umschließen, ja sogar die zarten Schattenrisse der Ägadischen Inseln vermeinen wir durch den bläulichen Dunst der fernen Westküste zu erkennen.

Winter über dem Ätna… Nirgends ist die Stille so groß – übertönt nur vom Blut, das in unseren Ohren rauscht. Auf den in Eis erstarrten Höhen des Vulkans, unter dem immensen, tiefen Blau des Himmels erscheint das Leben rein – befreit vom Ballast unserer frenetischen Zeit. Es ist wie aus einer reinigenden Quelle zu trinken.

Sie schenkt uns intensive Augenblicke des Seins. Sie setzt Kraftströme in uns frei und verleiht uns inneres Gleichmaß. Sie befreit den Geist und erfüllt uns mit einem tiefen Gefühl der Freiheit. Wir bewegen uns in einer menschenleeren, einer natürlichen, einer harmonischen Welt. Bevor die Schattenpyramide des Ätna auf dem Ionischen Meer verlischt, die Sonne in gleißendem Orange unter den Horizont sinkt, wenn die Lichter von Catania weit unten vor der Küste flimmern und die ersten Sterne am tiefblauen Himmel stehen, wähnen wir uns der Unendlichkeit des Kosmos näher als dem hektischen Treiben auf unserer Erde. Erschöpft und doch auf großartige Weise gestärkt kehren wir in unsere menschlichen Niederungen zurück.

Der Gipfelbereich im Frühjahrskleid. Die Bocca Nuova emittiert strahlend weißen Wasserdampf.

Während eisiger Gipfelstürme gewachsen: Federartige Eisblumen am Kraterrand der Bocca Nuova. Feiner rotbrauner Saharasand, den der Scirocco über Sizilien hinwegfegte, ist in die Eisskulpturen eingebacken.

Wolken

Starke Höhenwinde zaubern im Winter bizarre, linsenförmige Wolkenbänder an den Himmel. Sie bilden sich an der Leeseite, d. h. an der windabgekehrten Seite des Vulkanmassivs. Der wissenschaftliche Name für dieses seltene Wolkengebilde: Altocumulus lenticularis.

Höhere Gebirgsmassive spielen bei der Entstehung dieser außergewöhnlichen Wolkenart eine entscheidende Rolle. Trifft eine Luftströmung ungefähr im rechten Winkel auf einen Berggipfel, bilden sich an der Leeseite wellenförmige Schwingungen, verbunden mit walzenförmigen Luftwirbeln, den so genannten Leewirbeln. Kondensierender Wasserdampf in den Aufwindgebieten macht die Wellen sichtbar.

Linke Seite: Eine „Contessa" schwebt über dem eruptierenden Doppelkrater der Bocca Nuova. Unten: Eine von der untergehenden Sonne beleuchtete Altocumulus lenticularis-Wolke über der Ostflanke des Ätna.

Altocumulus lenticularis-Wolken reichen oft weit in die Höhe und verändern ihre Lage nicht oder kaum. Die Anwohner des Ätna gaben dieser Wolkenform den poetischen Namen „Contessa" – Gräfin. Stapeln sich die Wolkenlinsen gleich mehrfach übereinander, lautet der wissenschaftliche Name für dieses bizarre Wolkengebilde: Altocumulus lenticularis duplicatus.

Die Erde bricht auf

Klaudia Kretschmer

Ausgerechnet am Tag meiner Abreise erreicht uns die elektrisierende Nachricht. Es ist der 7. September 2004. In wenigen Stunden steht mein Rückflug nach Deutschland an. Wolf und ich kommen mittags von den Gipfelkratern zurück, als der Bergführer Antonio uns aufgeregt zu sich winkt. Drei seiner Kollegen haben am Fuß des Süd-Ost-Kraters blaues Gas gesichtet, ein untrügliches Zeichen für den Austritt von Lava. Die Bergführer sind ständig am Puls *ihres* Vulkans. Bevor die Vulkanologen im Institut nach einem Blick auf den Monitor signalisieren, dass der Berg sich regt, wissen die Ätna-Guides längst, was läuft.

Schnurstracks marschieren wir in die von Antonio angezeigte Richtung. Nach zehn Minuten kommen uns die Guides entgegen und berichten von einer Spaltenöffnung. Gespannt eilen wir weiter. Tatsächlich – auf 2.860 Meter Höhe am Fuß des Süd-Ost-Kraters angelangt, treffen wir auf ein sich bildendes Frakturensystem. Die Erde ist leicht aufgebäumt und in langen Spalten aufgebrochen. Die klaffenden Öffnungen ziehen sich allem Anschein nach Hunderte Meter die Vulkanflanke hinab. Nach der gewaltigen Eruption von 2002 nimmt die große Vulkandame Ätna ihre Aktivität wieder auf. Unter dem Druck pulsierender, fauchender Gasstöße, die in bläulich schimmernden Schwaden aufsteigen, werden an zwei Stellen zähflüssige Lavablasen aus der Erde gepresst. Sie sacken immer wieder in sich zusammen oder zerplatzen unversehens und schleudern glühende, noch teigig weiche Gesteinsfetzen in die Luft. Sie könnten mir jeden Moment ins Gesicht klatschen. Augenblicklich verwandeln sich meine Beine in „Sprungfedern". Ich halte mich bereit, bei jedem Ausstoß glühender Fetzen zurückzuspringen. Dennoch verharre ich wenige Meter vor den sich aufblähenden, glutroten Blasen. Begeistert und beunruhigt zugleich bin ich unfähig, mich loszureißen von diesem Schauspiel sich entfesselnder vulkanischer Kraft. Doch die Zeit drängt. In wenigen Stunden muss ich in Palermo am Flughafen sein. Schweren Herzens verlassen wir den frischen Eruptionsherd und machen uns auf den Weg zurück zur kleinen Holzhütte der Führer, an der sie die Touristengruppen in Empfang nehmen. Unterwegs begegnen wir unserem Freund Nino Mazzaglia. „Da hat dir Ätna heute ein großes Geschenk gemacht", sagt er anerkennend. „Wer hat schon das Glück, den Beginn einer Eruption mitzuerleben?" Wolf hat das während fast vier Jahrzehnten Ätna-Erfahrung nur drei Mal erlebt.

Die Hütte ist verwaist. Alle Busse sind bereits abgefahren, alle Touristen evakuiert. Wir rennen ein Stück den Hang hinunter zu einem Jeep, der auf der Piste steht und treffen auf Antonio Nicoloso, einen profilierten Ätna-Führer. Trotz seiner Position als Präsident der sizilianischen Bergführer ist er ein bescheidener Mensch geblieben – ein authentischer *uomo di montagna*. Sofort erklärt er sich bereit, uns hinunterzufahren zum Rifugio Sapienza. Um uns in seinem Fahrzeug Platz zu machen, nimmt er ein bizarres Lavastück, das der Vulkan gerade eruptiert hat, vom Sitz. Wie ein Neugeborenes bettet er es im Kofferraum behutsam auf eine weiche Wolldecke …

Ende Oktober fliege ich erneut nach Sizilien und wieder habe ich Glück. Das Klima ist freundlich – an der Küste noch sommerlich warm und auf den Höhen des Ätna angenehm mild. Die Eruption dauert an. Das an die Erdoberfläche geförderte Magma enthält ungewöhnlich wenig Gas. Die vulkanische Aktivität ist daher vergleichsweise schwach und auf den Ausfluss von Lava und die Bildung kleiner Spratzkegel beschränkt. Dennoch bin ich tief beeindruckt von der Dynamik der Ur-Natur. Am Abhang der gewaltigen Caldera Valle del Bove – dem natürlichen Auffangbecken unzähliger

Zauber der blauen Stunde: Ein üppiger Lavastrom bahnt sich einen Weg in die Valle del Bove. Eruption im November 2006.

Die Erde bricht auf

Lavaströme – öffnet sich die Erde erneut. Gleich zwei Lavaströme gleiten – scheinbar beständig fließend – in eleganten Schlangenlinien den Hang hinab. Zum ersten Mal sehe ich einen Lavastrom an seinem Ursprung. Ich bin erstaunt, wie schnell das flüssige Gestein aus der Erde strömt – wie frisches Blut aus einer gerade geöffneten Arterie. Andächtig lauschen Wolf und ich dem seltsamen leisen Knistern und Schmatzen, mit dem sich der glühende Gesteinsbrei aus der Spalte ergießt. Der fließende Strom hat einen Kanal gegraben. An seinen seitlich erhöhten Wänden können wir den sinkenden, dann wieder steigenden Lavapegel beobachten. Nah am Ursprung wölbt sich der Gesteinsfluss plötzlich bedrohlich auf. Der Strom scheint über die Kanalwand zu schwappen. Überrascht springen wir zur Seite. Doch kurz darauf sinkt er wieder, glättet sich und zieht große, schon erstarrte Lavabrocken, die sich auf den Wänden aufgetürmt haben, wie schmelzende Eiskugeln mit sich fort. Während der kurzen Dämmerung intensiviert sich die Glut der Ströme. Schließlich ist die schwarze Vulkanflanke wie mit Feueradern überzogen. Ihr blutroter Widerschein erhellt die Nacht über dem Tal.

Am Tag darauf fällt unser Blick auf eine dunkle, krause Fläche erstarrter Lava. Wir sind verwundert. Wo sind die fließenden Lavaströme geblieben? Offenbar ist die Oberfläche der Ströme während der Nacht abgekühlt und erstarrt. Eine feste Gesteinsdecke hat sich gebildet, unter der die Lava in einem vor Wärmeverlust bestens geschützten Tunnel weiter hangabwärts fließt. Unsere Vermutung bestätigt sich schnell: Aus ein paar Öffnungen und Ritzen in der Kanaldecke sehen wir es rot glühen. Wir klettern über das krause Gestein hinweg bis zu einem großen Skylight, aus dem bläuliche Gasfahnen aufsteigen. Als „Skylight" bezeichnen die Vulkanologen eine Öffnung im Dach eines Lavatunnels. Es entsteht, wenn die

Deckenkruste kollabiert oder wenn sich die Gesteinsdecke über einem Lavastrom nur unvollständig bildet. Wenige Meter unter uns fließt nun sehr schnell und hellrot leuchtend die „Ursuppe allen Lebens" – neugeborene Erde. Die aus den Öffnungen ausströmende Hitze schlägt uns pulsierend entgegen. Sie brennt und beißt auf der Haut, und sie erstickt den Atem. Immer wieder müssen wir unsere Gesichter und Kameras blitzartig abwenden. Trotzdem sehe ich später verwundert im Spiegel, dass mein Haarschopf und meine Wimpern angesengt sind.

Es ist bereits dunkel, als wir uns auf den Heimweg machen und über den schmalen Aschenpfad den Hang hinauf stapfen. Einige hundert Meter unter uns in der Valle del Bove, wo der Grund der weitläufigen Caldera beginnt, kommen die in Tunneln herabfließenden Ströme wieder zum Vorschein. Sie leuchten in einem dichten labyrinthischen Gewirr und scheinen sich zu einem feurigen See zu vereinigen. Es ist ein Demut einflößender Anblick. Auf den Höhen des Ätna schauen wir in das „kindliche Gesicht" unseres Planeten, werden Zeugen der feurigen Geburt neuer, reiner Erde. Nur wenige Kilometer entfernt – am nachtschwarzen Küstensaum des Ionischen Meeres – funkeln die Lichter der sizilianischen Städte. Sie erscheinen wie ein an den Vulkan gelegter Schmuck. Gedanken an die von Uwe George formulierte „Offenbarung der ungeheuren Abgründe der geologischen Zeit" kommen mir in den Sinn. Erd-Urschöpfung wie vor vier Milliarden Jahren und der zweifelhafte „Schmuck" unserer menschlichen Zivilisation vereint in einem Bild. Der aktive Vulkan führt uns vor Augen, wie klein und unbedeutend wir sind. Die Geschichte der Menschheit, verglichen mit der Länge der bisher abgelaufenen Erdgeschichte, ist flüchtiger als ein Wimpernschlag.

Oben: Aus einer frisch aufgerissenen Spalte
am Fuß des Süd-Ost-Kraters wird zähflüssige
Lava gepresst, 7. September 2004.

Links: Die Lava überzieht sich mit
einer noch plastisch verformbaren Kruste.

Die Erde bricht auf

Valle del Bove, Eruption 2004: Das Skylight markiert einen unterirdischen Lavakanal. Skylights sind Öffnungen in der Decke eines Lavatunnels, der sich bildet, wenn ein Lavastrom an der Oberfläche abkühlt und erstarrt und sich dadurch ein isolierender Mantel um die im Innern weiterfließende Lava legt.

Im eingebrochenen Flankenabschnitt oberhalb der Lavaquelle sind meterhohe Eislagen konserviert. Eruption 2004.

Fenster zum Innern der Erde: Skylights geben den
Blick frei in die geheimnisvollen Tunnel unterirdisch
fließender Lava. Eruption 2004.

Valle del Bove, September 2004: Aus einer Austrittspalte
werden unter heftigem Gasdruck Lavafladen in geringe Höhen
geschleudert. Die glühenden Gesteinsfetzen fallen rings
um die Spalte zu Boden, kühlen ab und verkleben miteinander.
So entsteht ein ca. fünf Meter hoher Schlackenkegel,
ein so genannter Hornito (spanisch: Öfchen).

Der Lavastrom gestaltet sich sein
eigenes Bett. Eruption 2004.

Lava

*Aus Vulkanen gefördertes Magma wird als Lava bezeichnet,
sobald es auf die Erdoberfläche ausgetreten ist.
Die Erscheinungsformen von Lava sind sehr unterschiedlich –
abhängig unter anderem von ihrer Temperatur.*

Blick durch ein Skylight
auf die hellrote, schnell
fließende Lava –
„Ursuppe allen Lebens".
Eruption 2004.

Die Valle del Bove – eine
in die Ostflanke des Ätna
eingebettete, etwa fünf
mal acht Kilometer große
Caldera – bildet ein
gewaltiges Auffangbecken
unzähliger Lavaströme,
die sich vom Gipfelbereich
hangabwärts wälzen.

Mäandernde Lavaströme auf der Südflanke des Ätna, Eruption 1983.

Rechte Seite: Ein überlaufender Lavasee innerhalb des
Süd-Ost-Kraters lässt einen Schleier aus Lavaströmen über die
Kraterflanke fließen. Eruption 18. Oktober 1998.

Der Lavastrom gräbt
einen tiefen Kanal.
Allmählich bildet sich
ein Dach über der
glutflüssigen Schmelze.
Eruption 2004.

Lavastrom an
seiner Austrittsstelle.
Valle del Bove,
Eruption 2004.

Zwischen Furcht und Faszination am Süd-Ost-Krater

Klaudia Kretschmer

Im November 2006 nähert sich die Aktivität des Ätna einem ungewöhnlichen Höhepunkt. Der Süd-Ost-Krater, der jüngste und aktivste unter den vier Gipfelkratern, überrascht am frühen Morgen des 16. November mit einem äußerst seltenen, grandiosen Schauspiel.

Die südöstliche Flanke des Kraterkegels ist vom Gipfel bis zur Basis aufgerissen. Rotbraune Wolken aus zerbröselndem, eisenhaltigem Gestein und blendend weißer Wasserdampf quellen aus den klaffenden Spalten hervor. Aus dem Inneren des Kraters werden unter drohendem Grollen schwarzbraune Aschen ausgestoßen, die sich Hunderte Meter unter dem strahlend blauen Himmel auftürmen. Größere Gesteinsbrocken, die mit herausgeschleudert werden, stürzen mit dumpfen Aufprallgeräuschen auf die Kraterhänge herab. Unter den quellenden Aschenwolken an der Flanke können wir zwei Lavaströme erkennen. Wie aus einem natürlichen Hochofen fließt das glühende Gestein mit beeindruckender Geschwindigkeit vom Kratergipfel herab. Am Fuß des Kegels vereinigen sich die Lava-Arme zu einem breiten Strom, der sich zäh vorwärts wälzt. Wir stapfen zum Ansatz der steiler werdenden Kraterflanke und erklimmen den Kamm eines noch warmen Lavastroms. Fieberhaft und wie gebannt bauen wir unsere Stative auf. Kameramann Giovanni Tomarchio und Turi Carbonaro – ein erfahrener Bergführer, der ihm assistiert – begrüßen uns mit vielsagendem Lächeln.

Immer wieder bilden sich an der Kraterflanke kleine Lawinen aus (heißen) vulkanischen Gasen, Aschen und Gesteinstrümmern – sogenannte pyroklastische Ströme. Sie gehören zu den gefährlichsten Phänomenen vulkanischer Aktivität. Mit rasender Geschwindigkeit können sie die Vulkanflanke hinunterfegen und

dabei gewaltige Dimensionen annehmen. Die glühende Woge eines solchen Stroms kann sich sogar in ebenem Gelände noch kilometerweit ausdehnen. Maurice und Katia Krafft, das berühmte französische Vulkanologen-Ehepaar, ist 1991 am japanischen Vulkan Unzen – zusammen mit 41 weiteren Forschern und Journalisten – in einem zu Tal rasenden pyroklastischen Strom ums Leben gekommen.

Scheinbar aus dem Nichts quellen die Aschenwolken aus der Kraterflanke. Im oberen Bereich des Kegels kann ich jedoch einige große überhängende Gesteinszapfen erkennen, die – lockeren Zähnen gleich – bereit scheinen, sich nach der nächsten Erschütterung von der Kraterflanke zu lösen und den Abhang hinunterzustürzen. Mir wird zunehmend unwohl auf unserem wackligen Lava-Hochsitz. Der Wall aus Aa-Lava ist nur etwa einen Meter hoch, doch auf den locker geschichteten, scharfkantigen Brocken kann ich mich nur sehr vorsichtig und langsam fortbewegen – kein günstiger Platz, um schnell das Weite zu suchen, wenn es nötig werden sollte! Ich steige auf den ebenmäßigen Grund hinunter und rufe Wolf zu, dass wir uns eine sicherer erscheinende Aufnahmeposition suchen sollten. Doch er bleibt auf dem Lavastrom sitzen und filmt ungerührt weiter.

Dann passiert es. Aus dem oberen Bereich der Kraterflanke löst sich plötzlich ein riesiger Gesteinsblock. Er muss einen Durchmesser von mindestens zwei Metern haben. Im Zeitlupentempo setzt er sich in Bewegung und poltert in weiten Sprüngen die Flanke hinab. Er gewinnt mehr und mehr an Geschwindigkeit und bewegt sich direkt auf uns zu. Der Schrecken fährt mir heiß siedend in die Glieder. Blindlings renne ich vom Lavastrom weg und schreie „Wolf! Wolf!! Weg!" Das Herz klopft mir bis zum Hals. Er bleibt

einfach sitzen. Er rührt sich nicht! Wolf …! Der immer näher kommende Block scheint seine Richtung mehrmals leicht zu ändern – abgelenkt durch den Aufprall auf scharfkantigen Fels. Es ist unmöglich, vorauszusehen, wohin er rollen wird. Ich renne hin und her wie ein in Panik geratenes Kaninchen und komme mir jämmerlich vor. Wäre ich mutiger, würde ich dann nicht in Wolfs unmittelbarer Nähe bleiben …?! Auf der flacher werdenden Flanke verliert der Block an Fahrt. Vielleicht zehn Meter von Wolf entfernt driftet er ein wenig zur Seite, wird langsamer und kommt schließlich einen Meter neben ihm zum Stillstand. Ich stehe mit zitternden

Knien da und bin fassungslos. Wolf sitzt ungerührt auf dem Lavastrom, die Filmkamera noch immer vorm Gesicht. Er hat unglaublich starke Nerven! Und sein Vertrauen, dass ihm die Vulkane „wohlgesonnen" sind, muss unerschütterlich sein. Mich lässt diese Episode nachdenklich zurück. Geringste Regungen dieser unermesslichen Naturgewalt werden für uns zu gravierenden Ereignissen. Sie lassen uns erkennen, wie klein und verletzlich wir Menschen sind. Sie verweisen uns auf unsere eng gesteckten Grenzen und spiegeln unsere unterschiedlich ausgeprägte Bereitschaft zum Risiko, in der sich unsere Ängstlichkeit oder unser (Gleich-)Mut

Nur ein seltsames, leises Knacken begleitet die sich rasch vorwärts bewegende Woge des pyroklastischen Stromes. 16. November 2006.

Vorhergehende Doppelseite links:

Von der aufgerissenen Flanke des
Süd-Ost-Kraters schießt
ein pyroklastischer Strom zu Tal.
16. November 2006.

16. November 2006:
Blick auf den Gipfel des
Süd-Ost-Kraters.
Im warmen Abendlicht
entfaltet die Eruption
ihren ganzen tempera-
mentvollen Charme.

offenbart. Endlich packt Wolf seine Ausrüstung zusammen. Einige Dutzend Meter hinter Giovanni und Turi beziehen wir unseren neuen Aufnahmestandpunkt.

In manchen Augenblicken habe ich den Eindruck, der ganze Vulkankegel wolle sich auflösen in „Schall und Rauch" – schwarze Aschen, rotbrauner Gesteinsstaub, weißer Wasserdampf und vulkanische Gase wirbeln umher, vermischen sich zu bizarr gefärbten Wolkenbergen und ziehen stetig gen Nordosten ab. Das ist unser Glück, denn am Nachmittag überrascht uns ein Phänomen, über das wir nur staunen können – gebannt zwischen Furcht und Faszination … Ein Teil der vom Krater fließenden Lava hat sich vor einem kleinen Hügel an der Basis des Kegels aufgestaut. Sie beginnt seitlich über die Wände ihres Fließkanals hinweg zu kriechen. Gleichzeitig fängt der kleine Hügel auf seltsame Weise an zu „schwitzen". Immer mehr weiße Wasserdampf-Fähnchen steigen von seiner Oberfläche auf. Offenbar hat die glutflüssige Lava das Fundament des kleinen Hügels allmählich aufgeweicht und unterhöhlt, denn wie von Geisterhand setzt er sich plötzlich in Bewegung und wird vom Lavastrom „angeschoben". Die Aktivität entwickelt eine unerhörte Dynamik: Große Gesteinsblöcke stürzen von der oberen Kraterflanke, zerspringen in tausend Fragmente, reißen Geröll und Aschen mit sich in die Tiefe. Augenblicklich wälzt sich eine mächtige rotbraune Glutwolke den Hang hinunter. Kurz darauf schießen vor uns Gesteins- und Aschenfontänen wie Raketen aus dem Untergrund. Ungläubig staunend schauen wir zu, wie ein pyroklastischer Strom die Anhöhe hinabzieht. Rasch türmt sich die Wand aus Gesteinswolken immer höher vor uns auf, hängt Hunderte Meter drohend über unseren Köpfen. Was passiert hier bloß? Obwohl nicht klar ist, ob die Situation noch weiter eskalieren

wird, können wir uns nicht losreißen von diesem außergewöhnlichen und am Ätna äußerst seltenen Natur-Schauspiel. Wie gebannt drücken wir weiter auf den Auslöser. Die über 1.000 Grad heiße Lava hat offensichtlich Schnee- und Eisschichten tangiert, die im Untergrund konserviert sind – eine brisante Begegnung mit explosiven Folgen! Die gefrorenen Schichten verwandeln sich in hochgespannten Wasserdampf, der ungefähr das 1.000- bis 3.000-fache des Wasservolumens hat. Die darüber liegende teigige Lavadecke hält dem Druck nicht stand. Eine phreatische Explosion zerreißt sie. Der Wasserdampf schießt in gewaltigen Fontänen in die Höhe. Ein seltsames Knacken begleitet die in strahlendem Weiß aufquellende Wolkenwand. Sie reißt Gesteinstrümmer und glühende Lavafladen mit sich. Dann türmen sich dunkle Aschenberge auf. Sie beginnen den Wasserdampf zu überlagern.

Plötzlich schreit jemand „Via! Viaaaaa …!" Turi ruft zum Rückzug auf! Wir packen unsere Ausrüstung und rennen los. Doch nach wenigen Metern halten wir inne und schauen uns schon wieder um … Nur dem günstigen Wind aus Südwest haben wir zu verdanken, dass wir das furiose Natur-Schauspiel unbeschadet beobachten und fotografieren können. Stünden wir zufällig in der Bahn eines solchen Stroms – es gäbe kein Entrinnen.

In der Dämmerung beginnt die Lava intensiv zu leuchten. Dünnflüssig wie Wasser – so scheint es – flutet sie in Kaskaden aus dem Süd-Ost-Krater. Das Grollen von seinem Gipfel und die explosive Strombolianische Aktivität mit dem Auswurf von Aschen und glühenden Brocken ist unversehens verebbt. Das flüssige Gestein strömt nun still und majestätisch in die wundersame Ätna-Nacht, um Stunden später, als die menschlichen Zuschauer schon träumend in ihren Betten liegen, lautlos zu versiegen.

Dünnflüssig wie Wasser fluten die Lavaströme vom Gipfel des Süd-Ost-Kraters. 16. November 2006.

Eruptionen

*Der Begriff ist aus dem Lateinischen eruptio ('Ausbruch,
Hervorbrechen') abgeleitet. Ganz verschiedene
Arten von Vulkanausbrüchen sind darunter zusammengefasst. Grundsätzlich wird zwischen explosiven und
effusiven Eruptionen unterschieden.*

Geburt eines neuen
Ätna-Kraters im
Sommer 2001: Eruption
der „Montagnola
Due" während der
blauen Stunde.

Drei heftige Supersonic-
Druckwellen (Überschall-
Druckwellen) leiten
eine Explosion ein.
Die riesige, aus dem
Süd-Ost-Krater herausge-
schleuderte Lava-Blase
zerplatzt in der Luft.
Die Druckwellen und die
Bodenerschütterungen
lassen das Stativ vibrieren.
Eruption 1999.

Eruptionen durchdringen
einen überkrusteten Lavasee
in der Bocca Nuova und
erwärmen die kalte Vollmond-
Nacht. Aufnahmen
vom 21. November 1990.

Juli 2001: Über der Eruptionsspalte nahe der Montagnola
auf 2.500 Meter Höhe hat
sich ein etwa 150 Meter breiter
Krater gebildet. Hunderte
Meter hohe Salven glühenden
Gesteins und riesige Aschenwolken schießen daraus
in den Himmel.

Wie Raketen schießen die Lavagarben aus dem jungen Ätna-Krater
„Montagnola Due". Während der Aktivität im Juli 2001 wuchs der Kegel
innerhalb weniger Tage 120 Meter in die Höhe.

Die aus der Tiefe der Erde
hervorbrechende Urmasse
führt uns vor Augen,
wie dünnhäutig der Boden
ist, auf dem wir leben.
Eruption im Juli 2001.

Paroxysmus – Der vulkanische „Tobsuchts-Anfall"

Klaudia Kretschmer

Kaum ein Fachausdruck wird im Laufe des Jahres 2011 wohl häufiger in den sizilianischen Tageszeitungen abgedruckt als der Begriff *parossimo* – „Paroxysmus". Wir kennen diesen aus dem Griechischen stammenden Begriff allenfalls aus der medizinischen Terminologie. Er bezeichnet eine „anfallartige Steigerung von Krankheitserscheinungen". In die Fachsprache der Vulkanologen hat dieser Begriff Eingang gefunden, um die „aufs Höchste gesteigerte Tätigkeit eines Vulkans" (Duden 1996) zu bezeichnen. Der erste Wissenschaftler, der ein vulkanisches Ereignis mit diesem Begriff charakterisierte, war Giuseppe Imbò (Procida 1899 – Napoli 1980). Er wurde 1929 Direktor des Osservatorio Geofisico di Catania, später Direktor des Osservatorio Vesuviano am Vesuv – dem Geburtsort der modernen Vulkanologie. In einer seiner Publikationen verwendete er diesen Begriff im Zusammenhang mit der außergewöhnlich starken Eruption des Stromboli am 11. September 1930; später auch in einem Bericht über die letzte heftige Eruption des Vesuv im März 1944. Was den Ätna betrifft, ist dieser Ausdruck seit Mitte der 1980er-Jahre geläufig geworden, um die zyklisch auftretenden heftigen Eruptionen der Gipfelkrater – vor allem des Süd-Ost-Kraters – zu definieren, die mit dem Ausstoß glühender Lavafontänen, Kilometer hohen Eruptions-Säulen und üppig strömender Lava einher gegangen sind.

Am 12. Januar 2011 beginnt der Auftakt zu einer erneuten Serie von Paroxysmen auf dem Ätna. Protagonist ist der einstige Kollaps-Krater an der östlichen Flanke des Süd-Ost-Kraters, der als glühender Schacht (pit-crater) von wenigen Metern Durchmesser erstmals in Erscheinung getreten ist. Das mittlerweile zu stattlicher Größe herangewachsene jüngste Kind des Ätna heißt nun „der Neue Süd-Ost". Im ersten Halbjahr ereignen sich die paroxystischen Episoden in Abständen von ein bis knapp zwei Monaten; im zweiten Halbjahr steigert sich die Aktivität rapide und nimmt einen nahezu wöchentlichen Rhythmus an. Vom 12. Januar 2011 bis zum 4. März 2012 produziert der Neue Süd-Ost-Krater insgesamt 21 Paroxysmen. Der längste Intervall beträgt während dieser Zeit 58 Tage, der kürzeste 5 Tage.

Wenn Mitarbeiter des Flughafens von Catania den Begriff „Paroxysmus" hören, rollen sie entnervt die Augen. Denn Start- und Landebahn sind während der paroxystischen Episoden des Ätna oftmals von massivem vulkanischem Niederschlag betroffen. Das bedeutet für sie Stress und für die Passagiere Frust: Ankommende Flugzeuge müssen umgeleitet und abgehende Flüge gestrichen oder nach Palermo umgebucht werden. Vor Wiederaufnahme des Flugbetriebs muss die Piste nach jedem „Parox" aufwendig gereinigt werden.

Die Augen aller Vulkanbegeisterten dagegen leuchten auf. Denn die ungeheure Dynamik unseres Planeten könnte sich kaum gewaltiger und ästhetischer manifestieren, als durch die plötzliche Eskalation vulkanischer Ur-Kraft und die Geburt neuer, frischer Erde während eines Paroxysmus. Am 9. Juli 2011 habe ich das Glück, einen „Parox" aus nächster Nähe mitzuerleben.

„Siete pigri oggi, eh'?!" schallt es in polemischem Tonfall aus dem telefonino. „Bei euch ist heute wohl Faulenzen angesagt, was?!" Wolf und ich sitzen am Frühstückstisch. Unser Freund Nino Mazzaglia ist dran. Im nächsten Atemzug verkündet er heiter: „C'è una bella attività al Sud-Est…" Das ist Musik in unseren Ohren, und augenblicklich sind wir auf dem Sprung. Unsere kiloschweren Foto-Rucksäcke liegen – am Vorabend gepackt – schon griffbereit. Gegen Mittag sitzen wir auf knapp dreitausend Meter Höhe vor der

Süd-Ost-Krater
im Juni 2000.

baita, der kleinen Holzhütte der Bergführer, um das Geschehen am Neuen Süd-Ost zu beobachten. Wir lauschen den schweren Atemzügen des wachsenden Kraters und reichen uns abwechselnd das Fernglas. Die Aktivität ist nicht sehr stark, aber kontinuierlich. Jede Explosion reißt einen Strauß mehr oder weniger großer Gesteinsbrocken mit in die Luft, von denen aber nur vereinzelte Auswürflinge über den Kraterrand hinaus auf die äußere Flanke fallen.

Währenddessen entströmen den Geländebussen, die auf den Platz hinauffahren, Touristen aus aller Herren Länder. Viele von ihnen fangen an, Fotos zu knipsen, sobald sie aus dem Bus gestiegen sind. Die Guides nehmen die Gruppen in Empfang und begleiten sie zu den nahe gelegenen Kratern von 2002.

Stunde um Stunde vergeht. Die Stärke der Explosionen aus dem Neuen Süd-Ost ist unverändert, aber die Brocken, die aus dem Krater geschleudert werden, scheinen nun größer und werden weiter gestreut. Gelegentlich landet ein Auswürfling auf der Flanke, poltert hinunter und zieht eine ockerfarbene Staubfahne hinter sich her. Die Gaspulse, die aus dem Krater aufsteigen, erscheinen mir nun dichter und voluminöser. Am Nachmittag gegen 15.00 Uhr bemerkt der Bergführer Andrea Mazzaglia, dass vom Fuß des Neuen Süd-Ost-Kraters bereits Lava austritt. Das verstärkt unsere Neugier, und wir beschließen, zu den seismischen Mess-Stationen und den Sonnenkollektoren am sogenannten Belvedere, der „Schönen Aussicht" hinunterzugehen. Sie sind vor der südöstlichen Basis des aktiven Kraters, nahe der Abbruchkante zur Valle del Bove, installiert.

Wolf und ich queren die Anhöhe durchs offene Gelände. Der Neue Süd-Ost hüllt sich zunehmend in Gas und Dunst. Das ein oder andere *lapillo* landet auf meinem Kopf. *Lapilli* (italienisch „Steinchen") sind zwischen 2 bis 64 Millimeter große, entgaste Lavapartikel. Von weit unten winkt und ruft uns jemand etwas zu. Wahrscheinlich einer der Bergführer, der uns für „versprengte"

Süd-Ost-Krater im November 1986.

Linke Seite:
Neuer Süd-Ost-Krater am 12. August 2011.

Die ersten Anzeichen eines sich abzeichnenden Paroxysmus sind zunehmend voluminösere, pulsartige Entgasungen aus dem Krater. Nach ein bis zwei Tagen, manchmal aber auch nach nur wenigen Stunden, treten in größeren bis kleineren Intervallen Explosionen auf, mit sich allmählich steigerndem Auswurf von Lavafladen – so genannter Strombolianischer Tätigkeit. Unerwartet rasant vollzieht sich der Übergang zur Bildung einer Lavafontäne, was sich auch akustisch auf beeindruckende Weise bemerkbar macht. Die Detonationen verschmelzen zu einem kontinuierlichen starken Rauschen. Fontänen aus expandierenden Gasen, Aschen, Gesteinspartikeln aller Größen bis zu tonnenschweren Blöcken und Fetzen glühender Lava brechen mit großer Gewalt aus dem Krater hervor. Dabei bildet sich eine Eruptions-Säule, die rasch an Masse und Höhe gewinnt.

Paroxysmus – Der vulkanische „Tobsuchts-Anfall"

Der Süd-Ost-Krater „entflammt" den
Nachthimmel über seinem Gipfel. Juni/Juli 2001.

Touristen hält. Die Geländebusse fahren nicht mehr hinauf zur Hütte, sondern parken weiter unten auf der Piste in Höhe der Mess-Station.

An den Sonnenkollektoren angelangt, treffen wir auf den jungen Bergführer Nino und einen Kollegen. Auch sie wollen die Lage von hier aus in Augenschein nehmen. Immer mehr Lapilli regnen vom Himmel. Nino und sein Begleiter suchen Deckung unter einem der Solarpanels. Bergführer Antonio unterdessen schlägt seine Jacke über den Kopf und läuft in Richtung Norden, dem Lavastrom entgegen, dessen Verlauf durch aufsteigendes bläuliches Gas markiert wird. Auch ich stelle mich unter eines der nach Süden ausgerichteten Solarpanels, um mich vor den herabregnenden Lapilli zu schützen. Vereinzelte kleine Lavapartikel werden durch Windböen in mein Gesicht gepeitscht. Um meine Augen abzuschirmen, setze ich meine Sturmbrille auf.

Das Geschehen am Neuen Süd-Ost ist im Gegenlicht durch den immer dichter werdenden Gasschleier hindurch nicht zu erkennen. Ich höre jedoch deutlich, dass die Strombolianische Aktivität mit einzelnen Explosionen unvermittelt in ein kontinuierliches brausendes Rauschen übergegangen ist. Plötzlich (um 15.42 Uhr) macht sich auch die Bocca Nuova Luft und schießt ihre vor wenigen Wochen zu neuem Leben erwachte Ostbocca – die östliche ihrer beiden Krater-Münder – frei: Ein mächtiger rotbrauner Aschenpilz quillt auf. Der sich ausbreitende Gesteinsstaub wird vom Wind ergriffen und genau in unsere Richtung getrieben. Nino und sein Begleiter hasten vorbei. Sie rufen uns zu, es sei besser, von hier zu verschwinden! Auch Antonio ist mit der über den Kopf gestülpten Jacke auf dem Rückzug. Wir stehen „unter dem Wind" – weniger als einen halben Kilometer vom Eruptionszentrum entfernt …

Ich werde unruhig. Eine diffuse hellbraune Wand aus Staub und Gesteinspartikeln senkt sich auf uns herab und droht uns einzunebeln. Wolf verlässt seinen Beobachtungsposten, und endlich eilen auch wir zur Piste. Die Bergführer sitzen bereits in ihrem Geländewagen. Sie rufen uns zu: „Wollt ihr mitfahren?" Wir schütteln die Köpfe. Der Wagen braust davon – hinauf zur Hütte. Wir bleiben allein auf der Piste zurück. Kaum hat sich die Staubfahne gelegt, wird uns bewusst, dass es ein Fehler war, nicht einzusteigen. Denn von hier aus ist die Fontäne, die aus dem Neuen Süd-Ost bereits Hunderte Meter hoch in den Himmel schießt, gut zu sehen. Ein Trommelfeuer geht los: Immer mehr Gesteinsbrocken prasseln auf die Flanke und den Fuß des Kraters, begleitet von dumpfen Aufschlaggeräuschen. Unter dem Bombardement wirbeln rotbraune Staubfahnen auf, die sich rasch zu einem wabernden Teppich vereinigen. Es scheint, als drehe der Wind: Der unheimliche vulkanische Schauer kommt rasch näher, und die sich verdüsternde Eruptions-Säule aus gluheißen Schlacken, Bomben und Aschen beginnt uns zu „verfolgen" … Allmählich begreife ich den Ernst der Lage. Ich werfe einen prüfenden Blick zum Himmel: Aus den aufwirbelnden Massen löst der Wind einen Vorhang aus steinernem Gewebe, der sich immer weiter ausdehnt. Die ausfransende Eruptionswolke hängt bereits hoch über unseren Köpfen. Sie ist mit unzähligen schwarzen Pünktchen gesprenkelt, die an einen tanzenden Mückenschwarm erinnern. Doch es sind alles andere als harmlose „Mücken", sondern Lavabrocken beträchtlicher Größe, die in wenigen Minuten auf uns niederprasseln werden, wenn wir nicht augenblicklich das Weite suchen. Wir beginnen zu rennen – so schnell es geht hinauf zur Hütte! Mit unserer schweren Ausrüstung kommen wir auf der ansteigenden Piste jedoch nur mühsam

Paroxysmus – Der vulkanische „Tobsuchts-Anfall"

Ein Trommelfeuer geht los: Immer mehr Gesteinsbrocken prasseln auf die Flanke und den Fuß des Kraters, begleitet von dumpfen Aufschlaggeräuschen. Unter dem Bombardement wirbeln rotbraune Staubfahnen auf, die sich rasch zu einem wabernden Teppich vereinigen. Neuer Süd-Ost-Krater, 9. Juli 2011.

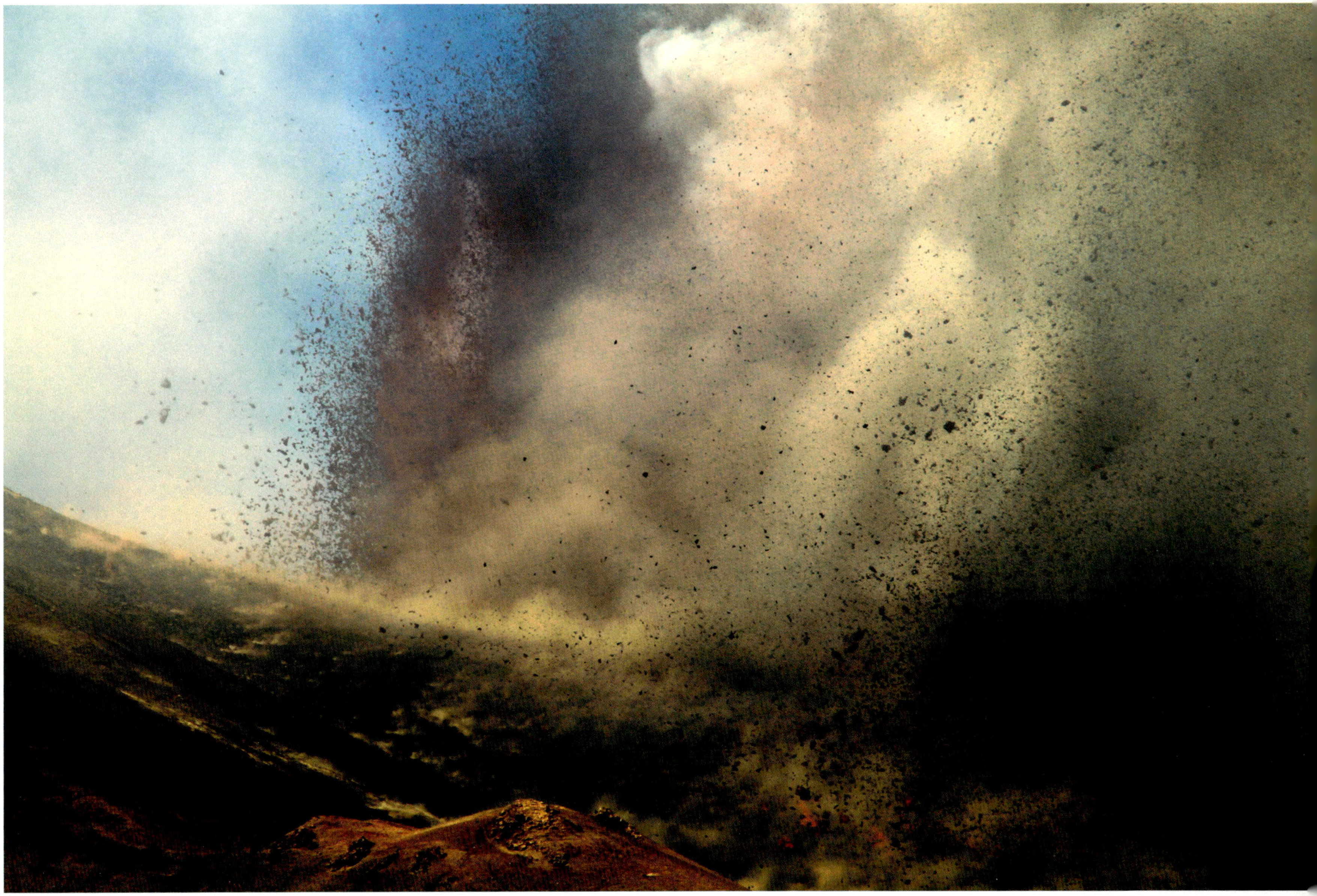

Rechts:
Der unheimliche vulkanische Schauer kommt rasch näher, und die sich verdüsternde Eruptions-Säule aus glutheißen Schlacken, Bomben und Aschen beginnt uns zu „verfolgen". Neuer Süd-Ost-Krater, 9. Juli 2011.

Süd-Ost-Krater und
Levantino im Juni 2001.

Neuer Süd-Ost-Krater,
12. August 2011.

vorwärts. Die glutheißen Auswürflinge schlagen dunkle Impakt-krater in die Flanke des Süd-Ost. Der verzehrende braune Staub-teppich kriecht unaufhaltsam auf uns zu.

Das Dach eines auf der Anhöhe stehenden Geländebusses taucht hinter der Kuppe auf. Der Motor läuft. Unsere Rettung! Doch auch in dieser gefährlichen Situation kann ich dem Reiz nicht widerste-hen: Mit zitternden Fingern knipse ich noch ein paar Fotos von der prasselnden Brockenfront. Zu überwältigend ist die Szenerie … Unheildrohend und doch von magischer Anziehungskraft! Wolf hastet Dutzende Meter hinter mir her. Besorgt schaue ich mich nach ihm um. Er kämpft sich nicht nur mit seinem schweren Rucksack, sondern auch mit zwei sperrigen Stativen, die er unter den Arm geklemmt hat, bergan. „Abhauen …!" schreit er, „Hau ab!!"

Endlich erreiche ich den Bus und ziehe mich mühsam hinauf ins Innere. „Subito, subito!" Salvatore sitzt startbereit am Steuer.

Schließlich erreicht auch Wolf den Bus. Er wirft die Stative hinein und seinen Rucksack hinterher. Sobald er im Bus ist, tritt Salvatore aufs Gaspedal, und wir machen uns schleunigst aus dem Staub. Wir fahren auf der Piste „aus dem Wind heraus" in nordwestliche Rich-tung um die Gipfelkrater herum. Als der fallende Gesteinsvorhang weit genug entfernt ist, hält der Bus, und wir steigen aus, um die fulminante Natur-Gewalt zu bestaunen und zu fotografieren. End-lich – die Erfüllung eines kühnen Ätna-Traums: Mein erster „Parox" aus nächster Nähe! Nach 58 Tagen Ruhe der fünfte des Jah-res 2011. Eine Lavafontäne nach der anderen schießt wie eine Rakete aus dem Krater. Die immer mächtiger werdende Eruptions-Säule aus quellenden Aschen und hochschleudernden Gesteinsbro-cken steigt unter dem Gebrüll der vulkanischen Energiestöße – unterlegt mit einem beständigen Rauschen – Kilometer weit in den Himmel. Der LÄRM DER URZEIT kehrt auf die Erde zurück!

Paroxysmus – Der vulkanische „Tobsuchts-Anfall"

Die Glut der Fontänen ist im Tageslicht kaum zu erkennen, doch die Hitze, die sie ausstrahlen, ist noch aus einem Kilometer Entfernung beklemmend deutlich spürbar. Wie hoch mag die Lufttemperatur in hundert Meter Abstand zur Lavafontäne sein …?

Der Vulkan leitet die terrestrischen Kräfte aus den Tiefen unseres Planeten und manifestiert sich als „ungestümer Baumeister" der Erdkruste … Ich blicke mich um. Wolf steht mit seiner Kamera auf der Piste. Wir strahlen uns an. Ob es uns gelingt, einen Augenblick auf Film zu bannen, der über die Wirklichkeit des Moments hinausführt, der an das Wesentliche rührt, in dem die Schönheit ewigen Werdens aufklingt …?

Der bedrohliche Gesteinsvorhang dehnt sich weiter und weiter. Allmählich scheint er sich erneut in unsere Richtung zu drehen. Tatsächlich hängt er in wenigen Minuten über uns. Wir hasten in den Bus und flüchten weitere fünfhundert, sechshundert Meter in nordwestliche Richtung um den Komplex der Gipfelkrater herum. Erst dann können wir es wagen, wieder auszusteigen.

Das seitlich einfallende Sonnenlicht betont die voluminösen Formen der in den Himmel quellenden Säule. Weiße, bauschige Wolken ziehen vorüber, schließen die vulkanische Bühne für Minuten mit einem zarten, hellen Vorhang. Wie Scherenschnitte schieben sich ihre Schatten vor die weiten Felder sonnengleißenden Gerölls. Für die Fotografie mit meiner von Wolf „adoptierten" Linhof Technorama 6x12 könnten Standpunkt und Lichteinfall nicht besser sein. Doch ein Rollfilm ist mit der Panorama-Kamera rasch belichtet. Das Unvermeidliche steht an: Ich muss zwischendurch zum Filmwechsel in den Bus steigen. So entgehen mir sicher einige reizvolle Szenen. Im Bus bemerke ich jedoch, dass sich der Parox allmählich abschwächt und das Geschehen an Dramatik verliert. Und tatsächlich: als ich wieder aussteige, erscheint die Eruptions-Säule weniger massiv. Durch den abnehmenden Gasdruck fällt sie zusehends in sich zusammen. Erstaunlich! So unvermittelt die Eruption eskalierte, so schnell ebbt sie – dieses Mal nach etwa 90 Minuten – wieder ab.

Wir machen uns im Bus zügig auf den Weg zurück zur *baita*. Die ersten vier Paroxysmen des Jahres hat die Hütte aufgrund günstiger Windverhältnisse unbeschadet überstanden. Nun hat es sie erwischt. Ein glühend heißes Projektil hat das Wellblechdach durchschlagen. In aller Eile versuchen die Guides Schlimmeres zu verhindern: Zuerst werden die drei Gasflaschen und der erhitzte Stromgenerator, der einen Benzintank enthält, hinaus ins Freie geschleppt. Der Busparkplatz und die Anhöhen rund um die Hütte gleichen einem Schlachtfeld. Überall verstreut liegen noch warme Lavabrocken – viele so groß wie Fußbälle. Sie sind zwar porös und deshalb sehr leicht – wie Gesteins-Schaum, aber es sind potenziell tödliche Geschosse, wenn sie aus großer Höhe auf den Boden prasseln. Wolf und ich sind betroffen. Die bescheidene Holzhütte der Bergführer wäre kein idealer Ort gewesen, um uns vor dem Gesteinshagel zu schützen, ganz im Gegenteil – sie hätte in Flammen aufgehen oder explodieren können. Die Bergführer Antonio und Salvatore haben uns sehr wahrscheinlich das Leben gerettet.

Der Paroxysmus ist zwar beendet, doch das unruhige Kind des Süd-Ost ist noch nicht verstummt. Erst jetzt nehme ich das laute, aggressive Fauchen wahr, das dem Trichter entströmt. Es klingt, als stünde sein Inneres noch immer unter erheblichem Gasdruck. Doch über dem Krater schwebt nur noch weißlicher Dunst. Unvermittelt, als würde jemand den Hahn einer löchrigen Pipeline zudrehen, verebbt das unheimliche Geräusch. Stille kehrt auf die Höhen des Ätna zurück.

Stromboli – Sizilien

Einzigartig auf der Welt: Seit Menschengedenken
wirft der Stromboli in kurzen Intervallen seine feurigen
Lavagarben in den Himmel.

230 km südlich von Neapel und rund 65 km nördlich von Milazzo finden wir die wohl vielfältigste und exotischste Inselwelt Italiens: die Liparischen oder Äolischen Inseln. Aus bis zu 2.300 Meter Meerestiefe wuchsen die sieben Eilande vor etwa 500 bis 40 Jahrtausenden über die Wasserlinie des Tyrrhenischen Meeres. Alle sieben sind vulkanischen Ursprungs, und jede von ihnen hat ihren eigenen unverwechselbaren Charakter. Stromboli ist die nordöstlichste im Bunde der sieben Insel-Schönheiten. Sie ist die feurige und mit ca. 40 Jahrtausenden die jüngste Vulkaninsel des Äolischen Archipels.

Nur 12,6 km² groß, ragt dieser seit Menschengedenken beständig aktive Vulkan 926 Meter als zweigipfeliger Kegel über die Wasseroberfläche. Die typischen Eruptionen des Stromboli wurden in die Terminologie der Vulkanforscher aufgenommen. Sie sprechen von „Strombolianischer Tätigkeit", wenn ein Vulkan in kurzen Intervallen immer wieder glühende Lavafladen, Aschen und Lapilli auswirft. Schon die Seefahrer der griechischen und römischen Antike orientierten sich an dem feurigen Auswurf des „natürlichen Leuchtturms des Tyrrhenischen Meeres". Tagsüber zeigte ihnen die ständig vom Vulkan ausgeatmete Gasfahne die vorherrschende Windrichtung an. Diese einzigartige Dauertätigkeit hat den Stromboli berühmt gemacht. Die Seefahrt und eine bescheidene Landwirtschaft bildeten über Jahrtausende die wichtigste ökonomische Basis für die Inselbevölkerung.

Am 11. September 1930 erschütterten zwei gewaltige Explosionen den Vulkan. Die größte Eruption des letzten Jahrhunderts nahm ihren verheerenden Lauf. Sechs Menschen kamen dabei zu Tode. Häuser wurden durch mächtige Felsblöcke zerstört, Felder und Weinreben durch heiße Aschen versengt. Nach dieser Katastrophe suchten viele Strombolianer in der „neuen Welt" ihr Glück. Die Einwohnerzahl reduzierte sich von 2.500 auf etwa 300. Die Insel fiel in einen Dornröschenschlaf. Häuser verfielen, Gärten und kultivierte Terrassen verwilderten. Durch den Film „Stromboli – Terra di Dio" des italienischen Regisseurs Roberto Rossellini mit der schwedischen Schauspielerin Ingrid Bergman wurde die vergessene Vulkaninsel Anfang der 1950er Jahre einer größeren Öffentlichkeit bekannt und entwickelte sich zum Inbegriff eines archaischen Paradieses. Zuerst kamen nur einzelne Fremde nach Stromboli. Sie kauften Ruinen und bauten sie mit Hilfe tüchtiger Insulaner wieder auf. Es gab nun wieder Arbeit, und für die Bewohner von Stromboli begann mit dem einsetzenden Tourismus eine hoffnungsvolle Zukunft.

Aufstieg zum „Leuchtfeuer des Mittelmeers"

Klaudia Kretschmer

Ist es möglich, dass die feuerdurchpulste äolische Vulkaninsel und ihre mächtige Vulkanschwester auf Sizilien von demselben Magmaherd gespeist werden? Nachdem die gewaltige Ätna-Eruption im Dezember 2002 allmählich ausklingt, regt sich das Feuer-Element auch auf Stromboli mit außergewöhnlicher Kraft. Als ich Ende des Jahres gemeinsam mit Wolf zum ersten Mal Stromboli besuche, bereitet mir der Inselvulkan einen aufregenden Empfang. Über dem Gipfel schwillt eine dichte Aschenwolke – blutrot leuchtend vom Widerschein vulkanischer Glut. Nicht mit seinen Lavagarben, für die der daueraktive Stromboli berühmt ist, empfängt mich der Vulkan – es ist ein Lavastrom, der auf der *Sciara del Fuoco*, der „Straße des Feuers", in die Tiefe gleitet, gespeist von glühend roter Schmelze, die aus dem Erdinneren empor drängt. Auf dem steilen Abhang teilt er sich in drei geschwungene Arme, die beim Kontakt mit dem Meerwasser heftige phreatische Reaktionen auslösen. Wie in Zeitlupe steigen vom Meeresufer riesige Wasserdampf-Wolken in den Himmel. Wir machen einen Zeitsprung in die Jahrmillionen ferne, geologisch äußerst turbulente Urzeit unserer Erde. Von Wolf erfahre ich, dass es solch bezaubernde „Augenblicke der Schöpfung" auf Stromboli seit siebzehn Jahren nicht mehr gegeben hat. Dankbar und voller Staunen genießen wir dieses außergewöhnliche Willkommens-Geschenk. Zwei Tage später stößt der Vulkan Unmengen Aschen aus, die sich wie ein schwarzer Trauerflor über die Insel legen. Zwei Bergstürze auf der Sciara del Fuoco lösen einen meterhohen Tsunami aus, der fast die ganze Insel umrundet und an der Küste eine Spur der Verwüstung hinterlässt. Bis zu 5 Millionen Kubikmeter Gestein rutschen ins Meer. Die mächtige Flutwelle erreicht die über 50 km entfernte Küste Siziliens.

An einem Nachmittag im April 2003 steigen Wolf und ich zum ersten Mal gemeinsam zum Gipfel des Stromboli auf, jeder von uns mit kiloschwerer Foto-Ausrüstung bepackt. Das Wetter ist günstig – windstill, sonnig und nicht zu warm. Der erste Teil des Weges führt durch die Gassen von San Bartolo hinaus auf einen breiten, in flachen Kehren ansteigenden Pfad. Auf einer steinernen Brücke überqueren wir die von dichter Vegetation überwucherte Vallonazzo-Schlucht, durch die am 11. September 1930 eine mächtige Glutlawine zu Tal raste. Der breite Pfad endet an der Aussichtsterrasse der ehemaligen Marinestation Punta Labronzo auf etwa 100 Meter Seehöhe. Von hier aus warnte früher ein Semaphor die vorbeifahrenden Schiffe vor aufziehenden Stürmen. Nach Einbruch der Dunkelheit lassen sich von der Terrasse der benachbarten Pizzeria Osservatorio die Strombolianischen Eruptionen bei Pizza und Wein bewundern. Stromboli ist wohl der einzige Vulkan weltweit, dem man gemütlich beim Abendessen im Freien sitzend live bei seinem „Feuerwerk" zuschauen kann. Nach meinem Empfinden ein viel zu erhabenes Natur-Schauspiel, um es in aller Bequemlichkeit bei Tisch sitzend angemessen würdigen zu können. Da die Pizzeria jedoch nur während der Sommermonate geöffnet ist, versinkt dieser Ort außerhalb der Touristensaison in Dornröschenschlaf und eignet sich durchaus für anspruchsvolle Fotos. Nach einem halbstündigen Abendspaziergang können wir hier ungestört den vulkanischen Feuerzauber genießen. Das Warten unter einem klaren, mit Tausend und Abertausend Sternen übersäten Nachthimmel wird meist belohnt: Unvermittelt leuchtet die Gaswolke über der Krater-Terrasse rötlich auf. Ein Strauß glühender Gesteinsbrocken schießt aus einem der Schlote, zeichnet „rubinrote Parabeln der Schöpfung" in die Luft – der

Vor etwa 200.000 Jahren erlosch die vulkanische Glut des Strombolicchio. Nur die 56 Meter hohe, harte Schlotfüllung, vulkanisches Neck genannt, widerstand der Erosion über hunderte von Jahrtausenden.

Donnerschlag ertönt mit Verzögerung – und lässt seine heißen Lavablüten auf die Sciara niederprasseln, wo sie leise kollernd verlöschen.

Über den gepflasterten Saumpfad geht es nun zwischen mannshohem Schilfgras bergan. In mehreren Kehren zieht sich der Pfad ein Stück weit die Vulkanflanke hinauf. Wuchernde *macchia*, silbrige Wermutstauden und hier und da ein zerzauster Olivenbaum säumen unseren Weg. Kugelige Wolfsmilchbüsche und üppig wachsende Kronen-Wucherblumen setzen mit ihren gelben Blüten frühlingsfrische Farbtupfer. Einst bauten die Inselbewohner hier Wein, Obst und Gemüse an. Die bewirtschafteten Felder zogen sich einige hundert Meter die Vulkanflanke hinauf. Die Stufen der

verwilderten Terrassenkulturen sind noch deutlich zu erkennen.

Immer wieder halten wir inne und genießen den reizvollen Blick hinunter auf das Gewürfel der strahlend weißen Häuserkuben vor der schroffen schwarzen Lavaküste. In einiger Entfernung ragt Strombolicchio wie ein geheimnisvolles Spukschloss aus dem Meer. Eine leichte Wellenspur zieht von der Klippe weg. Das Eiland scheint seine jüngere große Vulkanschwester wie ein Satellit zu umkreisen. Der bizarre Felsen ist wahrscheinlich das Überbleibsel eines vulkanischen Vorgängers des Paläo-Stromboli, des älteren Stratovulkans, von dem ein großer Teil der Insel aufgebaut ist. Von dem Vulkan ist nur die harte Schlotfüllung, vulkanisches Neck genannt, stehen geblieben. Ein Leuchtturm, der früher von einem

Wärter betrieben wurde, warnt die Seefahrer in der Dunkelheit vor dem tückischen Hindernis. Nur der Marine ist gestattet, das Inselchen zu betreten. Seevögel nisten hier ungestört.

Irgendwann enden die gepflasterten Serpentinen. Der Weg wird steil, eng und sandig. Von dem dornigen Gebüsch, das ihn umsäumt, lösen sich bei jeder Berührung feinste Staub- und Aschefahnen. Von Tausenden Bergstiefeln ausgetreten und von heftigen Regengüssen ausgespült, hat er sich in eine kahle Erosionsrinne verwandelt. Wir steigen mühsam über loses Geröll und freigelegte, wacklige Lavastufen bergan.

Auf etwa 450 Meter Höhe haben wir den ersten Aussichtspunkt erreicht. Von einer Art Kanzel unmittelbar am Felsabbruch schauen wir zur Sciara del Fuoco hinüber. Wie ein schwarzer Fächer breitet sie sich von der Krater-Terrasse bis zu ihrer ins Meer abfallenden Mündung aus. Lautlos gleiten die Lavaströme auf der Feuerrutsche in die Tiefe. Ihre Glut ist im Gegenlicht noch nicht zu sehen. Einzelne, mit dumpfem Poltern hinunterkollernde Brocken wirbeln gelbliche Staubfahnen auf. Die effusive Eruption auf Stromboli dauert nun schon dreieinhalb Monate an.

Weiter geht's bergan, und Wolfs Hinweis, wir hätten erst die Hälfte des Aufstiegs bewältigt, erscheint mir zunächst verwunderlich. Die Grate und rutschigen Felsbänder, die uns noch erwarten, verbergen sich auf der Höhe einer steil ansteigenden Bergschulter. Mund und Lippen sind schon jetzt ausgetrocknet, meine Knie

Der Gipfel des Stromboli im
Jahr 1994. Links im Hintergrund
Serra Vancori (924 m), im
Mittelgrund der scharfe Grat
des Pizzo sopra la Fossa (918 m)
und rechts unterhalb des
Pizzo die Krater-Terrasse,
übergehend in die steil
abfallende Sciara del Fuoco.

vom ungewohnten Zusatzgewicht auf dem Rücken bereits ermüdet.
Obwohl „nur" etwa 918 Meter hoch, erfordert der Aufstieg zum
Gipfel des Stromboli eine gute Kondition. Bevor wir die Vegeta-
tionsgrenze hinter uns lassen, müssen wir uns einige Male hinter
Gebüsch vor dem Helikopter verstecken, der seine Patrouillen-
Kreise rund um die Insel zieht.

Endlich, auf etwa 670 Meter Höhe, öffnet sich der Blick zur
Abbruchkante der Fossa, des aktiven, stark entgasenden Krater-
komplexes. Auf dem Weg erblicken wir immer mehr frische Schlacken, die flach wie Kuhfladen auf den Boden aufgeklatscht sind.
Es sind Hinterlassenschaften des explosiven Schlot-Räumers, der
sich vor drei Wochen am Morgen des 5. April ereignet hat. Je höher
wir ansteigen, desto dichter ist der Weg und schließlich die ganze

Flanke des Pizzo-Grates von diesen Schlacken übersät. Beim Blick
hinüber zum gasenden Kraterkomplex wird mir unheimlich zumu-
te. Seit dem Beginn der Lava-Effusion Ende Dezember 2002 sind
die typischen Strombolianischen Eruptionen mit dem Ausstoß von
Aschen, Lapilli und glühenden Lavafetzen zum Stillstand gekommen. Nur während meiner ersten Tage auf Stromboli konnte ich
die „formvollendeten Parabeln aus glühend roten Rubinen" von
dieser Stelle aus bewundern. Der Vulkan klopft auch nicht mehr an
die Haustür – ein kurioses Phänomen, ausgelöst durch leichte
Druckwellen, die sich kurz nach den Explosionen am Gipfel über
die Insel ausbreiten. Die Feuermäuler schweigen, werden allmählich
von zähflüssiger Lava verstopft, so dass sich in ihrem Inneren Gas
ansammeln kann. Der Druck im Kraterschlot steigt an, bis ihm die
Gesteinsdecke nicht mehr standhalten kann und der Schlot
sich ohne Vorwarnung freischießt. Wenn so etwas nun passieren
würde …? „Dann nehmen wir uns in den Arm", sagt Wolf.

Bei einem Blick nach oben bemerke ich überrascht, dass zwei
Männer auf uns herunterschauen. „Wolf!" ruft der eine und grinst
ironisch. Ich bin beruhigt. Wir geben uns zur Begrüßung freundlich die Hand. Der ältere mit sonnengegerbtem Gesicht und intensiv grünen Augen ist Zazà, ein alteingesessener Bergführer. Der jüngere gehört der Protezione Civile an. Zazà hat ein Funkgerät dabei,
und wir hören in diesem Augenblick die Meldung des Heli-Piloten
– er habe auf etwa 800 Meter Höhe zwei Personen gesichtet. „Non
ti preoccupare …" beschwichtigt Zazà, „keine Sorge …" Er fragt,
ob wir ein „Radio" haben wollen, sie haben zwei dabei. Wir verzich-
ten dankend. Bei einem Schlot-Räumer wie dem vom 5. April bietet
auch ein Funkgerät keine Rettung mehr. „Divertitevi!" – Viel Ver-
gnügen! gibt uns Zazà beim Abschied mit auf den Weg. Während

wir weiter aufsteigen, wird Wolfs Erstaunen immer größer. Er findet das ganze Terrain verändert vor. Der Pfad ist vollständig von Schlacken bedeckt. Ich nehme einen kleinen Brocken dieser kuhfladenartigen Lava-Schlacken in die Hand. Er ist porös und deshalb sehr leicht und äußerst brüchig. Die Oberfläche ist spröde, wie mit Widerhaken besetzt. Als ich mit dem Bergschuh fest auf einen größeren Brocken trete, bricht er sofort. „Lava-Schaum" ist eine treffende Bezeichnung für dieses Gestein. Im Inneren des Schlotes war das Magma stark mit Gasblasen durchsetzt. Nach der Entgasung beim Ausstoß aus dem Krater blieben Hunderte Löcher und Hohlräume im Gestein zurück. Auf dem Boden liegen aber auch Brocken sehr dichten, schweren Gesteins. Die größte „Bombe" ist unmittelbar neben dem Pfad eingeschlagen. Sie hat einen Durchmesser von über zwei Metern und ist in ihrem Impaktkrater knapp über dem Abhang steckengeblieben. Wie wir so hinunterschauen auf die Häuser von San Bartolo, wird mir mulmig. Wäre dieses mächtige Geschoss über den Hang hinausgeflogen, hätte es Casa Micia treffen und das Haus zerstören können, so wie 1930 während des großen Ausbruchs, als eine Lava-Bombe in das Dach des Hauses krachte und die Bewohner in die Flucht schlug.

Schließlich erreichen wir den Pizzo-Grat. Auch er ist nicht mehr aschenweich wie gewöhnlich, sondern an manchen Stellen bis zu 20 Zentimeter hoch mit frischen Schlacken übersät. Von hier aus schauen wir wie von der Loge eines Freilicht-Theaters hinunter auf die langgezogene Krater-Terrasse, in der sich die Förder-Öffnungen, auch *bocche* („Münder") genannt, aneinander reihen. Wegen der starken Gase sind die Feuermäuler nicht zu sehen. Mein Blick fällt auf die Web-Cam ein paar Meter unter uns. Das Schutzgitter aus dicken Eisenstäben hängt nach dem vulkanischen Bombarde-

ment in Fetzen an der Anlage herunter. Sie ist demoliert. Die im Halbkreis aufgetürmten Lavawälle, die Berggänger hier oben als Windschutz benutzt haben, sind nahezu vollständig mit Auswürflingen aufgefüllt.

Das Licht der untergehenden Sonne schimmert fahl durch die aufsteigenden Gaswolken. Zu beiden Seiten der Sonne leuchten Nebensonnen in Regenbogenfarben. Bei zunehmender Dunkelheit beginnen die Lavaströme an der Quelle der Sciara del Fuoco zu leuchten. Ein Fauchen von entströmendem Gas dringt von dort zu uns herauf. Wolf erzählt mir, wie er früher über die Kraterflanken für diverse Messungen in die Krater-Terrasse hinabgestiegen ist – gefährlich nah an die Öffnungen der aktiven Schlote heran.

Am Meereshorizont hinter der Wand des 926 Meter hohen Serra Vancori, des eigentlichen, höchsten und älteren Gipfels des Paleo-Stromboli, schimmert die sanft bläuliche Silhouette von Didyme – der Zwillingskegel von Salina. In stiller Eintracht sitzen wir auf einem Vorsprung und nehmen die Vulkan-Szenerie in uns auf. Unsere fotografische Aktivität beschränkt sich auf ein paar dokumentarische Fotos und Film-Aufnahmen. Auch beim Abstieg erfüllen die Lavaströme nicht die Erwartung unseres inneren Foto-Auges – „nur ein paar rote Striche im Schwarz". Erst als wir nach mühsamem Abstieg in der Dunkelheit wieder auf der Felskanzel stehen und zur Sciara del Fuoco hinüberschauen, offenbaren die Lavaströme ihre urgewaltige Schönheit. Glühendes Gestein rieselt leise rauschend den Steilhang hinab. Große Brocken zerspringen beim Aufprall in Dutzende glutroter Funken. Am Nachthimmel leuchtet ihr rötlicher Widerschein in den aufsteigenden Gaswolken. Unsere fotografische Imagination spielt mit Langzeitbelichtungen …

Sanftes Glühen unter einem weich fließenden Schleier aus vulkanischen Gasen und Wasserdampf – die Langzeitbelichtung verwandelt Stromboli in eine geheimnisvolle Diva …

Die Bildfolge einer Eruption mit 15 mm Weitwinkelobjektiv direkt vom Kraterrand
fotografiert. Die Fotos zeigen drei Phasen ein- und derselben Eruption.

Einer der auf Stromboli selten zu bewundernden Lavaströme
dringt im Dezember 1985 aus einer Spalte von Krater 1 hervor –
direkt auf der Sciara del Fuoco fotografiert.

Typische Strombolianische Eruption.

28. Februar 2007: Auf der Sciara del Fuoco herabfließende Lavaströme erreichen das Meeresufer und lassen im Kontakt mit dem kalten Meerwasser mächtige Wasserdampf-Fontänen aufsteigen, die stark mit Salzsäure geschwängert sind. Die letzten effusiven Eruptionen auf Stromboli, während derer Lavaströme ruhig ausflossen, ereigneten sich von Dezember 2002 bis April 2003 und davor von Dezember 1985 bis April 1986.

Eine wunderschöne Doppel-Eruption aus zwei Hornitos von Krater 1. Links werden Lavafladen hochgeschossen, rechts eine reine Gas-Eruption mit winzigen Aschenteilchen.

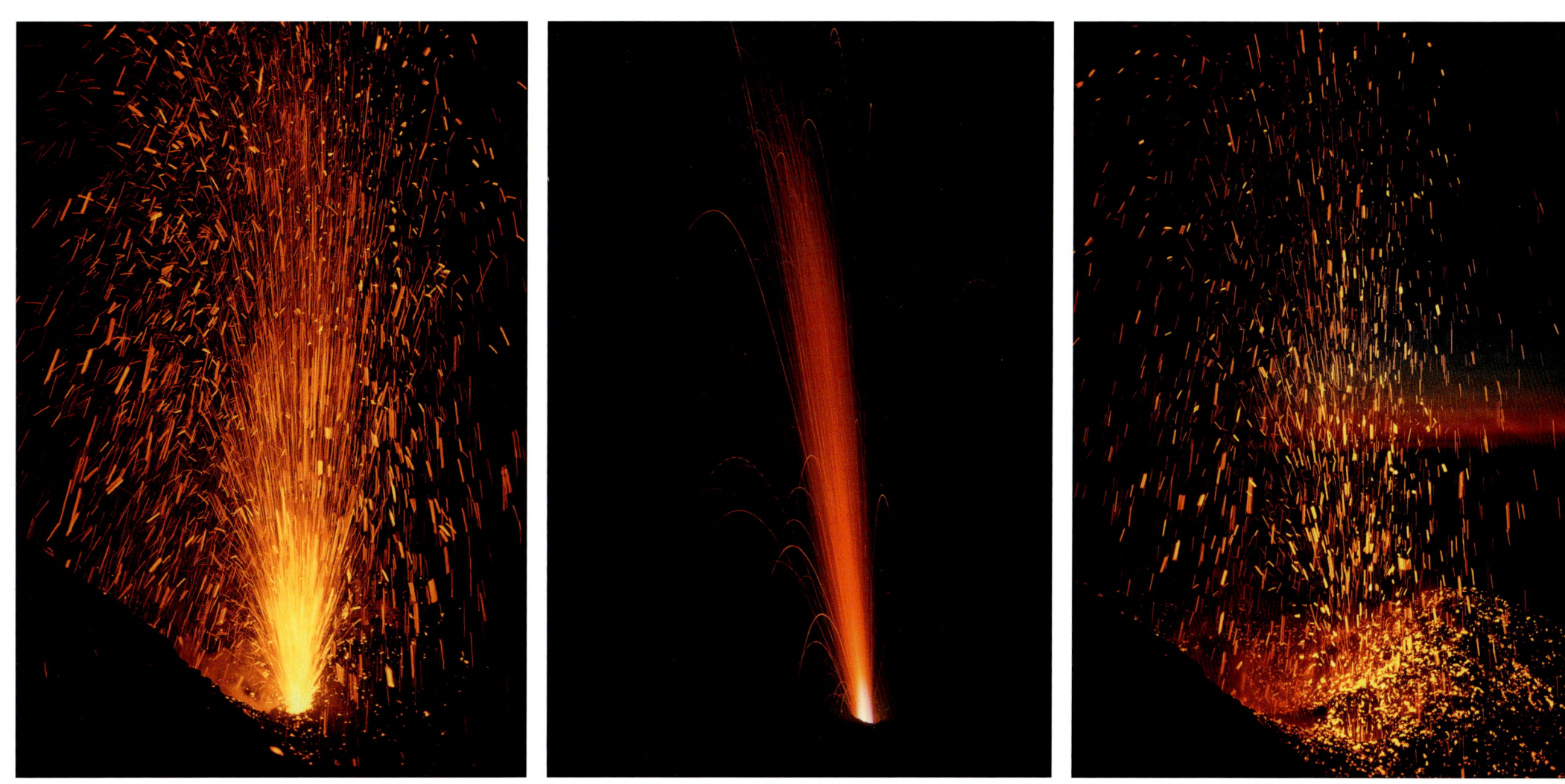

Was die Fotos nicht zeigen … Der Vulkan beeindruckt mit einer erstaunlich differenzierten „Sprache": Während aus der einen Bocca nur leichte Gaspulse dringen, die an das Blaffen einer Dampflokomotive erinnern und gelegentlich als zarte Gasringe entschweben, ertönt aus der anderen Bocca ein aggressives, tosendes Gasfördergeräusch, verbunden mit dem Ausstoß weniger Aschenpartikel. Während sich die Eruption aus der einen Bocca mit einem Grollen ankündigt, das bis zum Auswurf der glühenden Schlacken in ein donnerndes Getöse übergeht, überrascht die Bocca nebenan mit einem plötzlichen, trockenen Knall, der uns wie ein Pistolenschuss in die Glieder fährt. Solch eine Knallgas-Reaktion kommt recht selten vor. Knallgas ist eine explosionsfähige Mischung von gasförmigem Wasserstoff und Sauerstoff. Beim Kontakt mit offenem Feuer (Glut oder Funken) erfolgt die so genannte Knallgas-Reaktion. In Luft unter atmosphärischem Druck muss der Volumenanteil des Wasserstoffs dabei zwischen 4 und 77 % liegen.

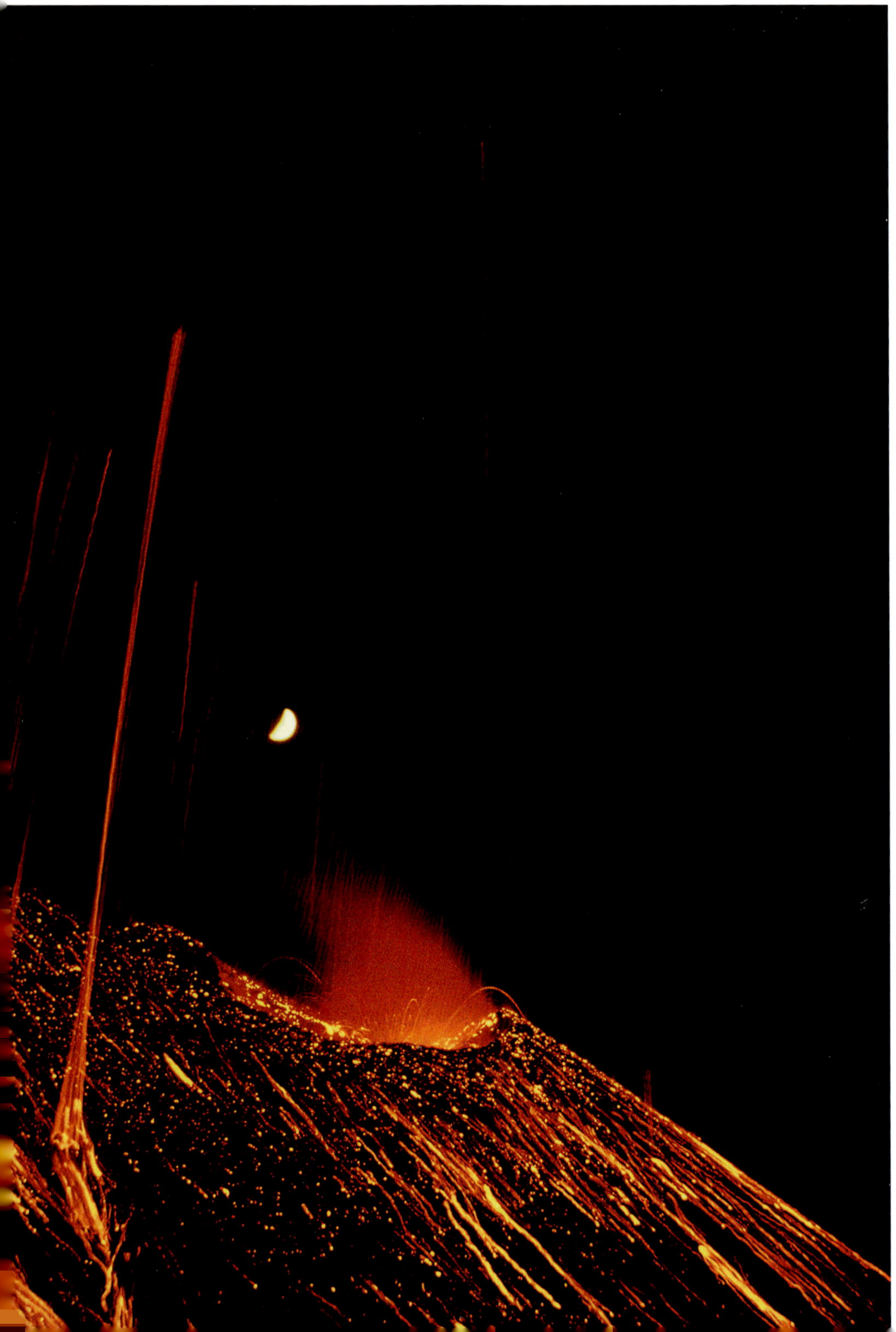

Die Schlussphase einer Strombolianischen Eruption. Die auf die
Kraterflanke fallenden Lavafladen kullern auf der Sciara del Fuoco hinunter
zum Meeressaum und markieren ihren Weg durch rote Glutspuren.

Die flammende Abendröte scheint mit der Lavaglut
des Vulkans zu konkurrieren … Krater 1 in Aktion.
Die ausgeschleuderten Lavafladen und Lapilli stürzen in
feurigen Parabeln auf die Kraterflanken zurück.

Vulcano – Sizilien

Als „fantastische Schwefelblume, die mitten aus dem Meer erblüht", bezeichnete der französische Schriftsteller Guy de Maupassant die Insel Vulcano, die er 1885, drei Jahre vor dem letzten großen Ausbruch, bereiste.

Die 21,2 km² große, südlichste Insel des Äolischen Archipels begrüßt ihre Besucher schon von weitem mit ihrem charakteristischen „Duft" nach faulen Eiern. Der penetrante Schwefelgeruch zeugt von intensiver Fumarolen-Tätigkeit, die an zwei Hauptzentren der Insel konzentriert auftritt: In der so genannten Zona delle Acque Calde, nicht weit von der Anlegestelle Porto di Levante, entströmen der Erde aus Tausenden von Löchern bis über 200°C heiße Dämpfe. Das Fumarolen-Feld erstreckt sich vom Strand bis in den Flachwasserbereich des Meeres hinein. Am Fuße des Faraglione-Felsens – durch eine Tuffbarriere vom Meer abgetrennt – schimmert leise blubbernd ein unscheinbarer Schlammteich, der trotz seines schwefeligen Geruchs viele Touristen zu einem Bad einlädt. Der nur etwa einen halben Meter tiefe Teich wird durch eine Mischung aus diffundierendem Meerwasser und atmosphärischem Wasser gespeist. Die Schwefelsäure und die aus dem Boden aufsteigenden heißen Gase zersetzen tiefgründig die umgebenden Sedimente und heizen das schlammige Wasser fortwährend auf angenehme Temperatur. Viele Menschen schwören bei bestimmten Leiden wie Rheumatismus und Hautkrankheiten auf die heilende und regenerative Kraft der schwefeligen Mineral-Lösung. Aus Spalten am 391 Meter hohen Krater der Fossa II entweichen unter

Druck überhitzter Wasserdampf und schwefelige Gase, deren Temperatur und chemische Zusammensetzung ständig variieren. Der darin enthaltene Schwefelwasserstoff setzt sich nach dem Abkühlen rund um die Spalten und Schlote als reiner gelber Schwefel am Boden ab – je nach Temperatur als samtartiger Belag, in zarten Kristallen, oder flüssig als kleine, gelbe bzw. braune Lachen. Auch weiß sublimierter Salmiak, Sassolin und Gips und roter, diamantglänzender Realgar (Rauschrot) sind zu finden.

Im Altertum war die Insel vulkanisch so aktiv, dass die römische Weltmacht das Eiland als Sitz von Vulcanus, dem Gott des Feuers, wähnte. Seit dem ausgehenden Mittelalter ist der römische Feuergott Namensgeber aller Feuerberge.

Die Insel hat eine wechselvolle Geschichte. Zum Ende des 19. Jahrhunderts war sie im Besitz eines rücksichtslosen schottischen Unternehmers, der von Sträflingen unter unwürdigen Bedingungen Schwefel und Alaun abbauen ließ. Die letzte Eruptionsphase von 1888 bis 1890 schlug den Despoten und seine Geknechteten in die Flucht. Zu neuem Leben erwachte die Insel erst Ende der 1950er Jahre mit Beginn des allmählich aufkeimenden Tourismus. Heute ist Vulcano, mit Stromboli und Lipari, eine der am stärksten vom Tourismus geprägten Äolischen Inseln.

Der Schlaf des Vulcanus

Klaudia Kretschmer

Mit Schuhen voller Staub und Steinen, in der Nase ein strenger Geruch von Schwefel, stapfe ich auf dem ausgewaschenen Pfad von der Flanke des Gran Cratere hinunter. Unten vom Fährhafen aus betrachtet, sieht sie harmlos aus, die „Werkstatt" des Vulcanus – ein gedrungener, knapp 400 Meter hoher, von tiefen Erosionsrinnen zerfurchter Kegel mit abgeplattetem Gipfel. Doch vom Kraterrand der Fossa II öffnet sich ein beeindruckender Blick in den etwa 150 Meter tiefen Trichter. Die Spuren seiner höchst explosiven Tätigkeit sind in den Krater eingebrannt. Während der bislang letzten Ausbruchsphase vor kaum mehr als 120 Jahren wurde die Insel – verursacht durch den Kontakt von Magma und Meerwasser – durch heftige phreatische Eruptionen erschüttert. Tonnenschwere „Brotkrusten-Bomben" mit bis zu 5 Meter Durchmesser wurden aus dem Krater geschleudert. Glühende Blöcke flogen kilometerweit, durchschlugen die Dächer von Fabrik- und Wohngebäuden, setzten die Schwefelvorräte in Brand und trieben die Bewohner in die Flucht. 1890 endete die explosive Eruptionsphase. Der Vulkanologe Giuseppe Mercalli, der diese Ausbruchsserie beobachtete, prägte den Begriff Vulkanianische Eruption. Die Aktivität der Fossa II ist seither auf Fumarolen-Tätigkeit beschränkt. Doch die Ruhe ist trügerisch. Die „Fieberkurve" des Vulkans wird rund um die Uhr aufgezeichnet. Temperatur und chemische Zusammensetzung der Fumarolen – ebenso der Druck, mit dem sie aus der Kraterflanke entweichen – geben Aufschluss über den Zustand des Vulkans. Seismische und geodätische Messungen informieren über Erdbewegung und Aufwölbung des Vulkanbaus – ausgelöst durch empor drängendes Magma. Die Daten werden in das Observatorium übertragen und von den Vulkanologen ständig überwacht. Ihre Beobachtungsstation liegt in respektvollem Abstand vom Gran Cratere auf der Nachbarinsel Lipari. Vor dem explosiven Wiedererwachen des Vulcanus wollen Insulaner und Touristen rechtzeitig gewarnt sein.

Blick in den Krater der Fossa II. Im Hintergrund die Nachbarinseln Lipari und Salina, April 2003.

Typische Schwefel-Sublimationen im Kraterbereich.

Linke Seite: Fumarolen-Feld des Gran Cratere.

Hekla – Island

Vulkane, Gletscher, Geysire – die junge, von urgewaltigen Kräften der Erde gestaltete Insel im Nordatlantik verdankt ihre Existenz einer aufstrebenden Magma-Säule in der Mittelatlantischen Grabenzone.

Die 103.000 km² große Inselrepublik erhebt sich über den Mittelatlantischen Rücken, der sie auf einer Achse von Südwesten nach Nordosten durchquert. An dieser Scheitelzone des Ozeanbeckens quellen Gesteinsschmelzen aus der Tiefe, die zu beiden Seiten wie auf einem Förderband fortwandern, neuen Meeresboden bilden und die Nordamerikanische und die Eurasische Kontinentalplatte auseinanderdriften lassen. Der westliche Teil Islands wird dem nordamerikanischen und die östliche Scholle dem eurasischen Kontinent zugeordnet.

Von den 140 nacheiszeitlichen Vulkanen auf Island sind 27 noch aktiv. Ihre spektakulären Eruptionen haben immer wieder unmittelbaren Einfluss auf das europäische Festland. Die gigantischen Aschenwolken des nach 178 Jahren wieder erwachten Eyjafjallajökull beeinträchtigten im Frühjahr 2010 tagelang den Flugverkehr über weiten Teilen Europas.

Einer der aktivsten Vulkane Islands, die 1.491 Meter hohe Hekla, brach zuletzt im Februar 2000 aus. Die ausgeschleuderte Aschenwolke erreichte in wenigen Minuten eine Höhe von fast 6.000 Metern und ließ Aschenregen über Norwegen und Finnland niedergehen. Aschenfälle und Gasfahnen der Hekla reichten in den Jahren 1104, 1845 und 1947 auch bis nach Nordwesteuropa und Deutschland, beeinflussten die Atmosphäre und führten über bestimmten Regionen zeitweise zu klimatischen Veränderungen.

Die Isländer nutzen die hohen Temperaturen unter den (jungen) Vulkanen intensiv, um umweltfreundliche, geothermische Energie zu erzeugen. Haushalte und Industrie werden mit vulkanisch erzeugter Wärme aus dem Untergrund versorgt. Im feucht-warmen Klima mit heißem Vulkanwasser beheizter Gewächshäuser gedeihen – wenige Kilometer vom Polarkreis entfernt – Bananen und andere tropische Früchte. Heiße Vulkandämpfe treiben Turbinen für die Stromerzeugung an. Durch Erdwärme beheizte Schwimmbäder wie die berühmte „Blaue Lagune" auf der Halbinsel Reykjanes bereichern die lokale Freizeitkultur und spielen, wie die spektakulären Geysire, auch eine bedeutende Rolle für den Tourismus.

Der Ausbruch der Hekla 1991

Wolfgang Müller

Januar 1991, das Telefon klingelt: ein Freund ist dran: „Die Hekla auf Island ist ausgebrochen!" Wir – der Stuttgarter Naturfilmer Franz Lazi, sein Assistent, ein pensionierter Leica-Manager und ich – buchen sofort einen Flug nach Island. In Reykjavík angekommen erfahren wir, dass schwierigste Wetterbedingungen herrschen – nach einer Tauwetterperiode ist reichlich Neuschnee gefallen. Nur ein auf ganz Island gefragter Spezialist sei in der Lage, uns in seinem hochgerüsteten, mit Satelliten-Navigation ausgestatteten Geländewagen zur Hekla zu bringen. Der sei aber mit dem bekannten Vulkanologen-Ehepaar Katia und Maurice Krafft und deren Kameramann bereits vor Ort. Wir mieten ein amerikanisches „Salonauto" mit Vierradantrieb, da kein geeigneteres Geländefahrzeug aufzutreiben ist. Damit schaffen wir mit großer Mühe gerade ein Drittel der Strecke. Da unsere Reise keinesfalls fruchtlos sein darf, entschließen wir uns kurzerhand, die Kraffts während ihrer Rückkehr von der Hekla abzufangen. Wir blockieren die Piste und warten geduldig Stunde um Stunde. Tatsächlich, um ein Uhr nachts, bemerken wir in weiter Ferne ein auf und ab tanzendes Lichterpaar. Eine Stunde später hat uns das Gefährt erreicht. Wie vermutet – die Passagiere sind die Kraffts. Mit viel Überredungs- und Überzeugungskunst willigt der Isländer ein, einen Freund als Fahrer eines ähnlich ausgerüsteten Geländewagens zu engagieren und am nächsten Tag mit allen gemeinsam unter seiner Führung erneut zur Hekla zu starten.

Nach drei Stunden Schlaf brechen wir in der Dunkelheit am nächsten Morgen auf. Unsere Crew sitzt im zweiten Wagen. Ich wechsle mehrfach das Auto, um Kraffts Kameramann die Möglichkeit zu geben, den vorausfahrenden Wagen zu filmen. Mit Katia und Maurice kann ich dadurch interessante Gespräche führen.

Ohne Satellitennavigation wären wir hier verloren. Immer wieder tauchen wir in endlos scheinende dichte Nebelbänke ein, wie in eine weißgraue Suppe, in der jegliche Kontur und jeglicher Kontrast aufgelöst sind – eine Art isländisches Whiteout, einem typischen Wetterphänomen in der Antarktis. Der vorausfahrende Wagen sackt irgendwann in ein zugeschneites Wasserloch. Mühselig müssen wir das tonnenschwere Gefährt daraus befreien. Nach vier Stunden anstrengender Fahrt in dieser weißen Wüste biegt Gunnar unvermittelt ab und umfährt eine nur schemenhaft wahrnehmbare steile Bergflanke. Die Nebelwand vor uns öffnet sich. Unter stahlblauem Himmel in einer Talsenke liegend, erblicken wir einen langgestreckten Berg – die Hekla. Ihr Gipfelbereich ist in Wolken gehüllt. Auf ihrer Flanke macht sich ein frisch aufgeschütteter Kegel breit. An dessen Basis dehnt sich ein tiefschwarzes, unzugängliches Lavameer aus. Es wird aus einer Spalte in der unteren Bergflanke genährt. Wir gönnen uns einen Film- und Foto-Stopp, um die urtümlich wirkende Landschaft aus Feuer und Eis aufzunehmen.

Am noch warmen Lavastrom angekommen, treffen die Kraffts die Entscheidung, den Strom zu Fuß zu queren, um zum Krater zu gelangen. Unsere Crew jedoch zieht die voraussichtlich bequemere Möglichkeit vor, den Aa-Lavastrom an seiner Front zu umfahren, um den Berg von der Rückseite zu begehen. Unsere Aktion ist von Erfolg gekrönt. Ich erreiche die Stelle, an der die Lava austritt und kann einige herrliche Eruptions-Stimmungen fotografisch dokumentieren. Für den unter Beschuss stehenden Kraterrand bleibt uns jedoch keine Zeit. Spät nachts kommen wir ins Hotel zurück.

Tags darauf, in aller Frühe, brechen wir erneut zur Hekla auf. Als wir nach Stunden – diesmal gemeinsam die Lavazunge umfahrend – die hintere Bergflanke erreichen, taucht die Hekla in dichtes Schneetreiben. Wir verharren über eine Stunde in den Autos.

Hekla, isländisch für „die Behutete" oder aber auch „Kappe", „Kapuze" oder „Haube", ist Zentralvulkan einer 40 km langen Vulkanspalte im Süden Islands. In den letzten 8.000 Jahren ist die Hekla mindestens zwanzigmal aktiv gewesen. Aufnahme Frühjahr 1991.

Schließlich erfasst mich die Ungeduld. Um 15.00 Uhr steige ich aus und versuche, den lauten Explosionsgeräuschen allein nach Gehör zu folgen, um auf dem mir unbekannten Berg den Kraterrand zu erreichen. Unsere Leute und die Kraffts erklären mich für verrückt. Alle sind sauer, aber das kümmert mich nicht. Ich versichere, in drei Stunden zurück zu sein, spätestens um 21.00 Uhr, und tauche im dichten Schneetreiben unter, bei zwei bis drei Meter Sicht.

Zunächst komme ich recht gut voran. Nach ca. 30 Minuten jedoch beginnen die ersten Schwierigkeiten. Schemenhaft schälen sich gräuliche Linien direkt vor mir aus dem dichten Weiß des Untergrundes. Es sind die Ränder klaffender Spalten. Mehrere dieser dampfenden Abgründe blockieren meinen Aufstieg. Ich versuche, sie zu umgehen, aber sie scheinen sich über die gesamte Bergflanke zu erstrecken. Spalten, deren maximale Breite einen Meter nicht überschreitet, versuche ich zu queren. Es gelingt mir zwar immer wieder, aber nicht ohne Schwierigkeiten. Die Orientierung nach Gehör funktioniert bestens. Bald höre ich gedämpfte Pfeifgeräusche. Also werden Brocken vom Krater in die Höhe geschleudert, und bei der Landung vom tiefen Schnee verschluckt. Ich komme dem Schlund immer näher. Die ersten Lavafladen fliegen mir um die Ohren. Dessen ungeachtet kämpfe ich mich weiter durch den Schnee und versuche, den pfeifenden Projektilen blitzschnell auszuweichen. Trotzdem schlagen immer mehr Geschosse in meiner unmittelbaren Nähe ein. Mittlerweile ist der Kraterrand sichtbar. Die heftige explosive Aktivität und der damit verbundene Hitzeausstoß drücken die Schneewolken in die Höhe. Gespenstische Feuergarben schießen in den Himmel. Nur noch ca. 50 Meter bis zum Kraterrand, zum Blick in die brodelnde Feuergrube. Um mich herum fängt es immer mehr an zu prasseln. Ich gebe auf und springe im Zickzack zurück ins grauweiße Nichts. Die Orientierung

während des Aufstiegs war verhältnismäßig einfach. Umso schwieriger erweist sich der Rückweg. Kaum liegen die klaffenden Spalten hinter mir, türmt sich eine schwarze, dampfende Wand vor mir auf. Unvermittelt stehe ich vor einem noch warmen Lavastrom. Schwer atmend erklimme ich den ersten, etwa fünf Meter hohen Kamm des Stroms, um in die dahinter liegende Senke abzugleiten. Schon stellt sich mir der nächste Kamm entgegen, und so geht es endlos weiter. Mein Thermoanzug ist bereits an mehreren Stellen zerrissen, da die unförmigen Lavabrocken unter meinen schweren Bergschuhen wegrollen und ich immer wieder stürze. 21.00 Uhr und keine Richtung oder gar ein Ende abzusehen. Erschöpft lasse ich mich in eine Senke gleiten, und gönne mir einige Minuten Verschnaufpause. Würden die anderen nicht auf mich warten, hätte ich nicht den geringsten Biss, mich weiter voran zu schleppen.

Gegen 22.00 Uhr lichtet sich das Schneetreiben. Unverhofft erscheint der Mond und legt einen silbrigen Schimmer auf die endlosen Schneeflächen. In der Ferne entdecke ich blinkende Autoscheinwerfer. Das mobilisiert neue Kräfte. Erlöst strebe ich – auf der scharfkantigen, wegkullernden Brockenlava immer wieder ausgleitend – den Lichtkegeln entgegen. Auf jedem Lavakamm muss ich mich neu orientieren, denn in den Senken bleiben mir die Signale verborgen. Um kurz nach 23.00 Uhr erreiche ich schließlich den Schneehang. Der Lavastrom liegt hinter mir. Mein gepolsterter Thermoanzug ist an vielen Stellen zerfetzt. Mit ausladenden Schritten stolpere ich durch den weichen Neuschnee. Kurz vor Mitternacht komme ich endlich an den Fahrzeugen an. Wie erwartet werde ich nicht gerade freundlich empfangen. Erschöpft lasse ich die Kritik an mir abperlen. Mit großer Erleichterung, die Tortur hinter mir zu haben, gleite ich auf den bequemen Autositz. Dass ich von diesem „Ausflug" ohne ein einziges Foto zurückkam, versteht sich von selbst.

Die vulkanische Glut der Hekla zaubert eine mystische Lichtstimmung in den isländischen Nachthimmel.

Sieht so das „Tor zur Hölle" aus …? Wegen der häufigen und meist gewaltigen Eruptionen mit zum Teil verheerenden Folgen für Mensch und Tier fürchtete man den Vulkanriesen schon im Mittelalter und gab damals Hekla den Namen „Eingang zur Hölle". Man glaubte, dass die Seelen der Verdammten auf dem Weg zur Hölle durch den Schlund des Vulkans reisen mussten.

Geysire

Ein Geysir – isländisch für „wirbeln, strömen" – ist eine Springquelle, die ihr heißes Wasser in regelmäßigen oder un- regelmäßigen Abständen als Fontäne ausstößt. Einen solchen Ausbruch bezeichnet man als Eruption. Geysire sind eine der vielfältigen postvulkanischen Erscheinungen.

Der Geysir Strokkur („Butterfass") liegt im Heißquellengebiet von Haukadalur im Südwesten Islands. Er ist die einzige noch regelmäßig aktive Springquelle in diesem Gebiet.

Geysirtätigkeit entsteht, indem Grundwasser in der Tiefe von heißem (vulkanischem) Gestein bis weit über 100° C erhitzt wird. Die im engen Schusskanal darüber liegende kältere Wassersäule verhindert zunächst durch ihr Gewicht und den dadurch verursachten hydrostatischen Druck (Wassersäulendruck), dass das Wasser zu kochen beginnt und sich Wasserdampf bildet. Da die Dichte des überhitzten Wassers geringer ist, als die des kälteren Wassers darüber, beginnt es nach oben aufzusteigen. Dadurch verringert sich das Gewicht der auflastenden

Wassersäule soweit, bis das Wasser schließlich zu kochen und zu expandieren beginnt. Der
nun entstehende Dampfdruck reicht aus, um die auflastende Wassersäule in einer heftigen
Eruption aus dem Schacht zu schleudern. Zurücklaufendes und neu zufließendes Grundwasser
sorgt für die Wiederholung des Vorgangs. Die nahezu unveränderliche Hitzequelle in der
Tiefe und die über lange Zeiträume in etwa konstant bleibende Menge des zurückfließenden
und stetig neu zufließenden Grundwassers begründet die Regelmäßigkeit der Ausbrüche.

Montserrat – Karibik

Nach 400 Jahren Ruhe erwacht ein alter Vulkan zu neuem Leben.
Mit zerstörerischer Kraft verwandelt er weite Teile der Tropeninsel in
eine leblose Gesteinswüste – fast wie ein „modernes Pompeji".

Die Karibikinsel Montserrat ist britische Kronkolonie und gehört zur Inselgruppe der Kleinen Antillen, einem Bogen von 11 aktiven Vulkanen, der sich von Granada im Süden bis Saba im Norden spannt. Er bildete sich in Folge der Absenkung der Atlantischen unter die Karibische Platte. Auch Montserrat ist vulkanischen Ursprungs. Die nur etwa 13 mal 8 Kilometer große Insel besteht im wesentlichen aus drei Gebirgszügen: den Silver Hills im Norden (403 m), den Centre Hills in der Mitte (740 m) und den Soufrière Hills im Süden (915 m bis 1995). Die Namensgebung Soufrière bekundet, dass in diesem Gebiet Fumarolentätigkeit zu beobachten ist, d.h. dass vulkanische Gase aus Spalten exhalieren (franz. soufre = Schwefel). Doch bis Mitte der 1990er-Jahre rechnet keiner der rund 12.000 Inselbewohner mit einem Vulkanausbruch. Die letzte Phase größerer Aktivität des Soufrière liegt längere Zeit zurück. Geowissenschaftler gehen von einer kleineren Eruption vor rund 400 Jahren aus – kurz vor der Entdeckung der Insel durch Kolumbus – und einem großen Ausbruch vor 20.000 Jahren. Ende des 19. Jahrhunderts und in den 30er und 60er Jahren des 20. Jahrhunderts ereignen sich Schwärme von Bodenerschütterungen. Sie

gelten als sicheres Zeichen für das Erwachen eines Vulkans. Offenbar wird Magma, zähflüssiges Gestein, nach oben transportiert. Zu einer Eruption kommt es jedoch nicht.

Anfang 1992 und dann wieder 1994 werden unter der Insel wiederum Schwärme leichter Erdbeben gemessen. Am 18. Juli 1995 öffnet sich plötzlich der Boden in einem alten Krater der Soufrière Hills. Ätzende Gase, große Mengen Wasserdampf und feine Aschen werden herausgeblasen. Im August 1995 beginnt eine intensive, explosive Ausbruchsphase. Der Kontakt des aufsteigenden Magmas mit dem Grundwasser löst phreatische Reaktionen aus. Die Hauptstadt Plymouth taucht tagsüber durch dichten Aschenregen in fast völlige Dunkelheit.

Der Vulkanausbruch verändert schlagartig das Leben auf Montserrat. Er hat enorme soziale und wirtschaftliche Folgen. Der Tourismus versiegt. 3.000 Einwohner verlassen die Insel. Am 21. August wird die Hauptstadt Plymouth evakuiert. Tausende Menschen werden in den sicheren Norden der Insel umgesiedelt. Das normale Leben kommt in weiten Bereichen zum Erliegen. 1997, zwei Jahre nach Beginn des Ausbruchs, wird Plymouth offiziell aufgegeben.

Chronologie eines apokalyptischen Eruptionszyklus

Klaudia Kretschmer

Der Soufrière-Hills-Vulkan entwickelt eine enorme Zerstörungs-kraft. Im November 1995 beginnt über der Eruptionsspalte vom 18. Juli ein kleiner Berg aus andesitischer Lava zu wachsen, ein so genannter Dom. Dabei schiebt sich die extrem zähe, gashaltige Lava langsam aus dem Kraterloch heraus und bildet eine mächtige Kuppen mit steilen Felsnadeln. Trotz der hohen Temperatur von 850° C ist die Lava nicht fließfähig. Mit zunehmender Höhe und Steilheit brechen immer öfter Teile des Doms ab. Glühend heiße Gesteins-lawinen lösen sich und jagen durch Zerbersten in Staub, Aschen, Gesteinsfragmente, Blöcke und Gas als pyroklastische Ströme mit hoher Geschwindigkeit zu Tal. Sie zerstören alles, was in ihrer Bahn liegt. Die extreme Gefährlichkeit dieser Glutlawinen rührt daher, dass beim Zerbersten der Blöcke hochgespannte Gase frei werden, auf denen die Gesteinsmassen zu Tal reiten. Je nach Hangneigung und Gasgehalt erreichen diese Feuerwalzen Geschwindigkeiten über 200 km/h. Dieses hohe Energiepotenzial und enorme, reibungsarme Gleitfähigkeit befähigt sie, große Entfernungen zu bewältigen.

Immer wieder wachsen säulenförmige und bizarre Lavagebilde, so genannte *spines*, bis über 25 Meter hoch aus dem Dom des Soufrière, um anschließend zu kollabieren. In der Zeit von März bis April 1996 wälzen sich die Glutströme nach Osten in das Tar River Valley. Die Wissenschaftler registrieren zeitweise über 5.000 kleinere Beben pro Tag. Über das Jahr 1996 wächst der Lavadom stetig. Die Einstürze werden immer größer. Im Mai 1996 erreichen die pyroklastischen Ströme die Ostküste Montserrats und das Meer. Die Glutwolken streichen noch mehrere hundert Meter über die Wasser-oberfläche hinweg. Die abgelagerten Gesteinsmassen formen eine fächerförmige Landzunge, die sich mit der Zeit auf eine Breite von 2.000 Meter ausdehnt und 750 Meter weit ins Meer hinausragt.

Tausende Einwohner von Plymouth sind mittlerweile in den siche-ren Norden der Insel umgesiedelt worden. Die Evakuierten sind teils in Kirchen, teils in Zelten untergebracht. Auch das Vulkanologische Observatorium muss in den Nordteil der Insel umziehen. Die Wis-senschaftler organisieren Versammlungen, in denen sie die Bevölke-rung über den jeweiligen Zustand des Vulkans informieren. Viele Inselbewohner sind gezwungen, nach Großbritannien, Nordamerika oder auf andere karibische Inseln auszuwandern. Bereits jetzt sind die Auswirkungen des Vulkanausbruchs verheerend. Ursprünglich herrschte auf der Insel Vollbeschäftigung. Bald sind 95 % der Bevöl-kerung arbeitslos. Lethargie macht sich breit. Vereinzelt werden Diebstähle gemeldet, was auf der Insel vorher völlig fremd war.

Der dramatische Höhepunkt einer ganzen Serie von Dom-Kollapsen ereignet sich in der Nacht vom 17. auf den 18. September 1996: Kurz vor Mitternacht explodiert ein Teil des Doms, hervorge-rufen durch die Druckentlastung des Magmas, das unter dem kolla-bierenden Gestein im Schlot steckt. Wie beim Öffnen einer Sektfla-sche werden eingeschlossene Gase schlagartig frei. Das glühend heiße Magma wird explosionsartig herausgeschleudert und bis in staub-feine Partikel zertrümmert. Große Mengen von Bims- und Gesteins-brocken schießen innerhalb der Eruptionswolke in die Höhe. Das bereits evakuierte Wohngebiet Long Ground wird durch fußball-große Glutbrocken teilweise zerstört. Menschen kommen nicht zu Schaden. Ströme aus heißen Gasen, Aschen und glühenden Gesteins-brocken wälzen sich zu Tal, begraben die üppige grüne Pflanzende-cke und setzen Bäume in Brand. Eine gewaltige Aschenwolke steigt zwölf Kilometer in den Himmel und lässt Montserrat unter 600.000 Tonnen Asche versinken. Fünf Tage später wird in den Abla-gerungen der Glutströme in 45 Zentimeter Tiefe eine Temperatur

Vorhergehende Doppelseite:

Auf Montserrat werden erstmals Glutströme beobachtet, die sich über das Meer ausbreiten. Innerhalb weniger Jahre schichtet der Soufrière-Hills-Vulkan einen gewaltigen Fächer aus Gesteinstrümmern auf, der sich weit ins Meer hinausschiebt.

In den ersten Monaten der Eruption wuchs der Dom stetig mit einer Volumenzunahme von bis zu einigen 100.000 Kubik-metern pro Tag.

Blick auf English's Crater, eine nach Osten hin geöffnete hufeisenförmige Senkung von 1 km Durchmesser mit 100 bis 150 Meter hohen Kraterwällen. Die tief eingeschnittenen Canyons an den Flanken des Vulkans werden *ghauts* genannt.

Rechts:
Immer wieder wachsen bis zu hausgroße *spines* aus dem Dom des Soufrière, um anschließend zu kollabieren.

von 373° C gemessen. Der Lavadom am Gipfel des Vulkans hat ein Viertel seines Volumens eingebüßt. Doch bald darauf wächst ein neuer Dom, und die Aktivität nimmt weiter zu.

Die evakuierte Hauptstadt Plymouth liegt nur vier Kilometer vom aktiven Lavadom entfernt. Einst das Zentrum einer erfolgreichen, blühenden Inselgemeinde mit karibisch heiterem Flair, gleicht sie nun einer makaberen Geisterstadt. Unter einer 50 Zentimeter hohen Aschenschicht begraben, regt sich in den Außenbezirken nur noch zurückgelassenes Vieh, das verzweifelt nach Nahrung und Wasser sucht. Immer wieder neue Aschenregen tauchen die Landschaft in betonfarbenes Grau. Bei starken Regengüssen bilden sich zerstörerische Schlammlawinen, so genannte Lahars. Die Wassermassen strömen an den versengten Flanken des Vulkans ungehindert herab und reißen aus den Glutströmen abgelagertes Geröll und Aschen mit sich zu Tal. Das Regenwasser ist längst nicht mehr genießbar. Es weist bereits einen ph-Wert von 2,5 auf. Ab Mitte Februar 1997 spitzt sich die Situation dramatisch zu. Aus dem

Vulkanschlot werden pro Sekunde bis zu 4,7 Kubikmeter zähflüssige Lava empor gedrückt. Das entspricht rund 400.000 Kubikmetern pro Tag oder dem Volumen von über 6.000 großen, zehn Meter langen, und drei Meter hohen Kastenlastwagen. 44 Millionen Kubikmeter glühendes Gestein hat sich nach dem letzten großen Kollaps auf dem Vulkangipfel aufgetürmt und ragt bedrohlich in den Himmel. Der Soufrière erreicht mittlerweile eine Höhe von 960 Metern. Sein Lavadom wird immer instabiler. Täglich rasen pyroklastische Ströme an den Hängen herab. Ihre Ablagerungen füllen allmählich die Täler um den Vulkan auf.

Am 25. Juni 1997, in der Mittagszeit gegen 13 Uhr, beobachten die Vulkanologen von ihrem provisorisch eingerichteten Observatorium eine riesige Aschenwolke, die im Nu einen Großteil der Insel in Dunkelheit hüllt und zehn Kilometer hoch in die Atmosphäre wirbelt. Sofort steigen zwei Wissenschaftler mit dem Hubschrauber auf. Gegenüber der Nordflanke des Vulkans erwartet sie ein Inferno. Ein gewaltiger Strom mit vier bis fünf Millionen Kubikmeter glühendem

Chronologie eines apokalyptischen Eruptionszyklus

Gestein und Aschen löst sich aus dem bereits 65 Millionen Kubikmeter umfassenden Lavadom und rast zu Tal. Er erreicht bisher nicht betroffene Gebiete und verwüstet sieben Dörfer. 19 Menschen sterben – die meisten von ihnen Farmer, die sich geweigert hatten, ihre fruchtbaren Felder an den Vulkanflanken zu verlassen. Nur neun Leichen konnten gefunden werden – verbrannt bis zur Unkenntlichkeit. Spekulationen über eine bevorstehende Explosion der ganzen Insel kommen auf und schlagen einige tausend Einwohner in die Flucht. Sie werden von anderen karibischen Inseln und vom britischen Mutterland aufgenommen.

Zwei Jahre nach Beginn des Ausbruchs im Juli 1995 sind alle Siedlungen auf der südlichen Inselhälfte zerstört. Auch der Hafen und der Flughafen sind unter einer dicken Aschenschicht begraben. Am 26. Dezember 1997 ereignet sich ein gewaltiger Domkollaps. Etwa 60 Millionen Kubikmeter glühende Gesteinstrümmer wälzen sich zu Tal und verwüsten die gesamte Westseite des Vulkans. Mehrere bereits evakuierte Ansiedlungen werden begraben, darunter auch der Ort St. Patrick's.

Ab März 1998 beruhigt sich der Vulkan. Die Wissenschaftler registrieren nur noch kleinere seismische Ereignisse. Er stellt seine Aktivität jedoch keineswegs ein. Während der folgenden Jahre kommt es immer wieder zu leichteren Ausbrüchen. Größere Eruptionen ereignen sich jeweils nach der Entstehung eines neuen Doms am 20. März 2000, am 29. Juli 2001, am 20. Mai 2006 und am 8. Januar 2007. Bis November 2000 erreicht der Soufrière durch das Anwachsen des Lavadoms eine Höhe von 1.050 Metern. Damit überragt er den Chanches Peak, den mit 915 Metern höchsten Berg auf Montserrat.

Die schwerste Eruption seit 1995 ereignet sich am 12./13. Juli 2003. Der Dom kollabiert erneut. Eine gigantische Aschenwolke steigt fünfzehn Kilometer in den Himmel. 210 Millionen Kubikmeter Gesteinstrümmer gehen auf dem schon verwüsteten Gebiet nieder.

Glutlawinen wälzen sich durch das Tar River Valley und schießen bis ins Meer hinaus. Eine Flutwelle rollt bis zur Nachbarinsel Guadeloupe, achtzig Kilometer weiter südöstlich. Menschen werden zum Glück nicht verletzt.

Die verheerenden Ereignisse auf Montserrat zeigen einmal mehr, dass die Menschen gegenüber Vulkanausbrüchen dieser Art völlig machtlos sind. Auch die Vulkanologen können trotz großem menschlichem und technischem Aufwand nur beschränkte Hilfen bieten. Die Vorgänge im Inneren eines Vulkans sind zu komplex, um mittelfristige Vorhersagen zu machen oder gar kurzfristige Prognosen zu stellen.

Im Jahr 1998 leben nur noch 4.000 der ursprünglich 12.000 Einwohner auf Montserrat. Doch die Zurückgebliebenen sind fest entschlossen, die Inselgemeinschaft neu aufzubauen. Trotz der unverminderten Bedrohung beginnen sie mit dem Wiederaufbau zerstörter Infrastruktur. In Brades am nordwestlichen Ende der Insel wird ein Übergangsregierungssitz errichtet. Im Februar 2005 eröffnet Prinzessin Anne bei Gerald's auf der Nordhälfte der Insel einen neuen Flughafen. In Little Bay ist eine neue Hauptstadt im Bau.

Nach einer explosiven Eruption am 8. Januar 2007 stellt der Lavadom Anfang April 2007 sein Wachstum ein. Zwei Monate später stellen die Wissenschaftler anhaltenden Ausstoß von Schwefeldioxid (SO_2-Emissionen) fest. Es deutet darauf hin, dass sich die Magmakammer unter dem Vulkan mit neuem Magma füllt.

Der natürliche geologische Schöpfungsvorgang, der Inseln aus dem Meer erhebt, sie über Tausende von Jahren wachsen lässt und sie auch wieder zerstören kann, ist für die Bewohner von Montserrat zu einer unheilvollen Realität geworden, die ihr Leben schlagartig verändert hat. Mit dem unberechenbaren vulkanischen Laboratorium in ihrer Nachbarschaft werden sie sich wohl auf unabsehbare Zeit arrangieren müssen.

Die Hauptstadt Plymouth versinkt innerhalb von drei Jahren unter
meterhohen Aschenlagen. Ein Blick auf den Uhrenturm veranschaulicht die
gewaltigen Massen von Aschen und Gesteinstrümmern, die auf die
Stadt niedergegangen sind. Aufnahmen aus den Jahren 1997 und 2000.

Im Bann pyroklastischer Ströme

Wolfgang Müller

Montserrat, April 1997: Ich bin Gast des vulkanologischen Observatoriums. Die Hauptstadt Plymouth ist seit Mitte August 1995 evakuiert und durch die Polizei streng abgeriegelt. Sie droht mehr und mehr in den Aschen des Soufrière-Hills-Vulkans zu versinken. Leider ist der Zugang wegen der Gefahr pyroklastischer Ströme auch für Vulkanologen gesperrt. Ich warte, bis die Polizisten zur Mittagspause gehen und fahre mit meinem Geländewagen heimlich durch die Sperre, um ins Gallway Valley zu gelangen – direkt an die Schusslinie der mörderischen pyroklastic flows. Sicherheitshalber postiere ich das Fahrzeug im angrenzenden Wald, mit einem Kilometer seitlichem Abstand vom aktiven Lavadom. Damit kann es bei den Kontrollflügen des vulkanologischen Instituts aus der

Luft nicht gesehen werden. So steht es auch voraussichtlich außer Reichweite der gefürchteten Glutströme.

Kaum habe ich den Einstieg des von Feuerstürmen ausgefrästen und von Aschen in tristes Grau getauchten Tals erreicht, ist das rhythmische „Schlagen" des Helikopter-Rotors zu hören. Um nicht entdeckt zu werden, springe ich zurück und suche Sichtschutz zwischen meterhohen, von Aschen bedeckten Blattpflanzen. In unbequemer Kauerstellung harre ich aus, bis der Helikopter nach einer halben Stunde endlich abdreht.

Frei von der Sorge, entdeckt zu werden, kann ich nun in aller Ruhe einige kleinere pyroklastische Ströme studieren. Geheimnisvoll – nahezu lautlos – gleiten sie die steile Domflanke hinunter, säuseln an meinem Zugang vorbei, um weiter unten allmählich zu verebben. Ich bin erstaunt, dass diese etwa 800° C heißen Gesteinsströme aus zerberstenden Blöcken, Gesteinsbrocken, Aschen, Staub und Gas nahezu geräuschlos zu Tal gleiten. Ich nehme nur ein gedämpftes, leises Rauschen wahr, das von rasch abklingenden Poltergeräuschen moduliert wird. Im Nu ist das tief eingeschnittene Tal durch einen dichten, quellenden „Aschenkörper" ausgefüllt. Nach Minuten lichtet sich der Strom und gibt den Blick frei auf eine veränderte Landschaft. Grünes Buschwerk ist plötzlich in leicht nachglimmendes, nacktes Gerippe verwandelt. Vom Glutstrom erfasste Bäume kommen blattlos und zerrupft wieder zum Vorschein. Nur die stärksten Äste können Widerstand leisten, um sich schwarz verkohlt oder noch glühend gen Himmel zu strecken.

Schließlich löst sich vom Domgipfel ein größerer Sporn. Wie in Zeitlupe kippt er ab, zerspringt Funken sprühend, im Inneren rot leuchtend, in mehrere Blöcke. Schnell zerteilen sie sich in immer kleinere Fragmente, die von einer graubraunen Wolke augenblick-

Vorhergehende Doppelseite:

Ein mächtiger pyroklastischer Strom rast vom wolkenverhangenen Lavadom des Soufrière in das Tar River Valley und verwüstet alles, was in seiner Bahn liegt. Aufgenommen vom Gelände des bereits unter Aschen begrabenen Flughafens an der Nordostküste der Insel. Aufnahme Mai 2000.

21. April 1997, in der Gallway-Schlucht: Erst die Dämmerung macht die Glut des Lavadoms und die der pyroklastischen Ströme sichtbar.

Mit einem unheimlichen, leisen Rauschen breiten sich die pyroklastischen Ströme in der Gallway-Schlucht aus. April 1997.

lich eingehüllt werden. Im Gipfelbereich des Doms sprühen noch zwei, drei größere Brocken hervor, blitzen rot glühend aus dem dichten Aschenschleier, um gleich wieder von der immer schneller herabgleitenden Lawine verschluckt zu werden. Stark gedämpft vernehme ich einige leise, dumpfe Schläge, die vom Zerstieben großer Gesteinstrümmer herrühren. Nach längerer Beobachtung packe ich endlich meine Filmkamera aus und fange an zu fotografieren.

Während der ersten Dämmerungsphase ist mir das Glück hold. Mehrere Glutlawinen stürmen hintereinander zu Tal. Der mächtige Domgipfel ist in undurchdringliche, wirbelnde, hellbraune Aschenmassen eingehüllt. Überraschend verebben die beängstigenden Ströme jeweils kurz vor meinem Standort.

Und wieder scheint eine Glutwolke zu verlöschen – leider … Enttäuscht beobachte ich, wie ihre Front ins Stocken gerät, sich aufbäumt und dabei im unteren Teil eine Art Höhle bildet. Doch dann die Überraschung: Aus dem dunklen Hohlraum schießt unvermittelt ein weiterer Glutstrom. Er bewegt sich mit hoher Geschwindigkeit vorwärts und füllt schnell das Gallway Valley in seiner ganzer Breite aus. Nur ein unheimliches, monotones, leises Rauschen begleitet das Geschehen. Es steht im extremen Widerspruch zu der immer schneller werdenden heißen Lawine, die die Flanke herunterrast. Mit Helm und einer festen Jacke ausgerüstet, fühle ich mich nicht mehr sicher, denn der Strom nähert sich wie ein gieriges Ungeheuer. Eingezwängt in die schmale Gallway-Schlucht, wird er auch in das seitlich eingeschnittene Tal hineinquellen, in dem ich stehe – nur etwa zwanzig Meter von seiner Schussbahn entfernt. Der todbringende Glutstrom füllt bereits das gesamte obere Tal aus, während seine Zunge immer schneller wird und mir bedrohlich entgegenwirbelt. Phänomenal, aus nächster Nähe solch einen alles vernichtenden pyroklastischen Strom zu erleben! Der fesselnde Anblick blendet meine Angst aus. Ich verharre wie gelähmt und vermag mich von dem infernalischen Geschehen nicht zu lösen. Es ist bereits viel zu spät, um zu flüchten. Aber dies erscheint mir als einzige Möglichkeit, das gefährlichste Phänomen vulkanischer Aktivität zu erleben und zu studieren.

Nachfolgende Seite rechts:

Die von unzähligen pyroklastischen Strömen ausgefräste Gallway-Schlucht.

Im Bann pyroklastischer Ströme

Leider sind Film- und Fotokamera auf extreme Weitwinkel eingestellt. Mir bleibt keine Zeit, noch etwas zu verändern. Ich lasse die Filmkamera einfach laufen und höre auf zu fotografieren. Es ist höchst zweifelhaft, ob ich dem Inferno noch entkommen kann. Ich bin festgenagelt. Ich erlebe meine Ohnmacht. Die ersten Staubpartikel erreichen mich. Jetzt – zu spät! Ich klemme die Filmkamera unter meine schwere Jacke und renne – den Atem anhaltend – los. Schon bin ich eingehüllt von heißen Aschen, und wie blind springe ich um mein Leben. Von hinten erfasst mich die Hitzewelle. Ich orientiere mich, indem ich mit meinem rechten Bein an dem hohen Blattwerk entlang streife. Ich renne so schnell ich kann, bis ich spüre, dass die Hitze hinter mir nachlässt. An meinem Geländefahrzeug halte ich inne. Das Auto ist mit einer zwei Zentimeter dicken Aschenschicht überzogen. Meine Jacke hat einige Brandspuren abbekommen, aber sonst bin ich unversehrt. Den Jackenärmel an meinen Mund pressend, kann ich nur mühevoll atmen.

Ich habe einen pyroklastischen Strom an der äußeren Peripherie erlebt, im Bewusstsein, dass es keine Chance gibt, wenn man direkt von ihm erfasst wird. Nach fünfzehn Minuten hat sich die Wolke aus fein zertrümmerten Gesteinspartikeln gelegt. Ich trete aus dem mit weißgrauem Staub überzogenen Wald. Das Gallway Valley kommt wieder zum Vorschein, jedoch leicht verändert. Die letzten Inseln grüner Vegetation und etliche Bäume an den Flanken des Tals sind nun auch verbrannt und weggefräst.

Gedankenversunken gehe ich zurück zu meinem Einstieg ins Gallway Valley. Heute ist Vollmond – eine gute Möglichkeit, den Lavadom zu fotografieren, der erst bei Anbruch der Dunkelheit rot zu leuchten beginnt. Ich bin jedoch entschlossen, bei der nächsten Gefahr früher das Weite zu suchen. Immer wird das Glück sicher nicht an meiner Seite sein.

Kamtschatka – Russland

*Die dünn besiedelte Halbinsel im fernen Osten Russlands
ist eine der ursprünglichsten Regionen der Erde.
160 Vulkane ragen hier in den Himmel empor, darunter
der mächtigste Feuerspeier Eurasiens.*

Mit rund 370.000 km² ist Kamtschatka etwa anderthalbmal so groß wie Italien. Die im äußersten Sibirien gelegene Halbinsel erstreckt sich etwa 1.200 Kilometer von Nord nach Süd und bis zu 450 Kilometer von West nach Ost. Wie der Körper eines riesigen Fisches taucht sie aus dem Pazifik – im Westen umspült vom Ochotskischen Meer, im Nordosten von der Beringsee und im Südosten vom Pazifischen Ozean.

Nur rund 380.000 Einwohner leben auf Kamtschatka, zwei Drittel von ihnen in der Hauptstadt Petropavlovsk-Kamtschatskij, dem wirtschaftlichen Zentrum der Halbinsel. Ein raues Klima mit kurzen Sommern und schneereichen Wintern, eine vielfältige Flora und Fauna und großartige Landschaften prägen die Halbinsel. Die Natur Kamtschatkas ist von ungeheurer Kraft. Nirgendwo auf der Erde ragen mehr aktive Vulkane in den Himmel empor – insgesamt 160 Feuerberge, darunter der mächtigste Feuerspeier Eurasiens, der zwischen 4.700 und 4.900 m hohe Klyuchevskoy. Die meisten Vulkane reihen sich wie Perlen auf einer Schnur entlang der Ostküste aneinander. Sie sind Glieder des abertausend Kilometer langen Feuerrings um den Pazifik, der sich mit dem östlich

der Halbinsel gelegenen Aleutenbogen und den sich südlich von Kamtschatka anschließenden Kurileninseln Richtung Japan fortsetzt. Mit einer Geschwindigkeit von acht bis zehn Zentimetern pro Jahr schiebt sich die Pazifische Platte hier unter den Rand der Eurasischen Platte. Der unter Kamtschatka abtauchende Pazifikgrund wird in der Tiefe zusammengedrückt und durch die dadurch entstehenden hohen Temperaturen zum Teil aufgeschmolzen. Als glutflüssiges Magma steigt er aus dem Erdmantel wieder auf, durchbricht die Erdkruste und bewirkt gewaltige, explosive Vulkantätigkeit. Wie Überdruckventile und Schornsteine dieser gigantischen Schmelzvorgänge im Inneren der Erde reihen sich die mächtigen Feuerberge aneinander.

Auch nach dem letzten Ausbruch eines Vulkans wirkt die gewaltige Hitze bis zu Jahrmillionen in seinem Untergrund weiter: Kochend heiße Thermalquellen, zischende Geysire, blubbernde Schlammtöpfe und von giftigen vulkanischen Gasen in ätzende Säure verwandelte Seen in ruhenden Kratern zeugen auf beeindruckende Weise von postvulkanischen Erscheinungen. 1996 wurde die Vulkanregion von Kamtschatka zum Weltnaturerbe erklärt.

Vulkan-Majestäten im fernen Osten Russlands

Wolfgang Müller

Vorhergehende Doppelseite:

Der 2.741 Meter hohe
Avachinsky – „Hausberg"
von Petropavlovsk –
entwickelte sich von
einem einfachen
Stratovulkan zu einem
Somma-Vulkan.

Erhabener Feuerriese im
Eismantel: Der Klyuchevskoy
(ca. 4.700 – 4.900 m) ist
der höchste aller aktiven
Feuerspeier Eurasiens.
Der Stratovulkan ist Teil der
Klyuchevskaya-Gruppe –
einer Zusammenballung von
12 gewaltigen Feuerbergen.
Ende 2001 wurde der
Klyuchevskoy Naturpark und
nach einem Antrag des WWF
von der UNESCO als Welt-
naturerbe ausgezeichnet.
Fast ein Drittel Kamtschatkas
ist heute Naturschutzgebiet.

Anfang der 1970er-Jahre lerne ich in Sizilien einige russische Vul-kanologen aus Kamtschatka kennen. Die offene, herzliche Art der Männer begeistert mich. Während einer Ätna-Exkursion wächst in mir die Sympathie, besonders zu Evgenij Gordev. Er ist Chefgeo-physiker am Vulkanologischen Institut in Petropavlovsk. Evgenij entfacht in mir die Neugier auf die ferne russische Halbinsel mit ihrem ausgeprägten, vorwiegend explosiven Subduktions-Vulkanis-mus. Während seiner Forschungsaufenthalte auf Stromboli ist Evgenij einige Male bei meiner Frau Helga und mir in der Casa Micia zu Gast. Schnell reift die Idee zu einer Reise in das für uns exotische Land und Vulkanparadies am „Ende der Welt". Einige von rund 30 aktiven Feuerbergen erwarten uns dort.

Erst seit 1990, nach dem Zusammenbruch der Sowjetunion, ist Kamtschatka für Fremde zugänglich. Während des Kalten Krieges war die Halbinsel Sperrgebiet und Terra incognita für Ausländer. Die sowjetischen Militärs spähten dort nach dem Erzfeind USA an der gegenüberliegenden Seite des Pazifik. Im August 1995 – Peres-troika und Glasnost machen es möglich – fliegen wir über die schier unermesslichen Weiten Sibiriens dem äußersten Rand Russlands entgegen. Trotz guter Sicht kann ich nirgends eine Spur mensch-lichen Daseins auf der Erde entdecken. Kamtschatka begrüßt uns mit strahlendem Sonnenschein. Evgenij, der schon auf uns gewartet hat, nimmt uns in Jelisovo, dem offiziellen Flugplatz von Petropav-lovsk, freudig in Empfang und bringt uns zur Gästewohnung des Instituts. Sie befindet sich in einer Plattenbausiedlung typisch sowjetischer Prägung am Stadtrand von Petropavlovsk. Abends sind wir bei unseren Gastgebern Evgenij und seiner Frau Ljuba zu einem köstlichen Essen eingeladen. Unser fröhliches Beisammensein, bei dem auch reichlich Wodka fließt, dauert bis spät in die Nacht.

Auf unserer ersten Exkursion dürfen wir eine Mannschaft auf ihrem Wartungseinsatz begleiten. Mit einem in die Jahre gekom-menen Transport-Hubschrauber der Aeroflot starten wir zu den Hausvulkanen von Petropavlovsk, dem 2.741 Meter hohen Ava-chinsky und seinem westlich gelegenen Nachbarn, dem 3.456 Meter hohen Koryaksky. Eine in 2.800 Meter Höhe installierte Mess-Station auf der Flanke des Koryaksky soll von zwei Vulkanologen gewartet und mit neuem Material ausgerüstet werden. Da eine Landung in der Nähe der Station wegen der steilen, schneebedeckten Vulkan-flanke nicht möglich ist, müssen die beiden Männer zwei Meter über dem Boden vom Helikopter abspringen. Das schwere Material wird an einem Seil heruntergelassen. Derweil fliegen wir in einen Sattel auf 2.300 Meter hinunter, um dort zu landen und zu warten, bis die beiden Wissenschaftler oben ihre Arbeit beendet haben und dem Pilot per Funk das Signal zum Aufbruch geben. Die drei Män-ner – Pilot, Copilot und Mechaniker – bleiben im Cockpit des Helikopters sitzen und blinzeln durch das geöffnete Seitenfenster in die Sonne. Unterdessen erkunden Helga und ich die Umgebung. Vor uns liegt der wuchtige Avachinsky, der sich von einem einfa-chen Stratovulkan zu einem Somma-Vulkan entwickelt hat. Sein gasender, hochexplosiver Lavadom, der bis zum Rand des Zentral-kraters aufgequollen ist, erinnert an einen mit Puderzucker bestäubten russischen Streuselkuchen. Ursprünglich war der Vul-kan höher als sein Nachbar Koryaksky. Bei einem gewaltigen Aus-bruch jedoch wurde der Gipfelbereich weggesprengt, und es ent-stand – ähnlich wie 79 n. Chr. am Vesuv – eine vier Kilometer große Caldera. In deren Zentrum wuchs ein neuer, mittlerweile 700 Meter hoher Kegel heran. Der Rand des alten Vulkans liegt wie ein Kragen um den neuen Krater.

Nach über einer Stunde bekommen wir von den Männern oben, die nur als Winzlinge wahrzunehmen sind, ein Signal. Schwerfällig und mit ohrenbetäubendem Dröhnen hebt der betagte MI-8 vom Vulkangrund ab und schraubt sich zur Mess-Station hinauf. Wieder bleibt das tonnenschwere Flugungetüm zwei Meter über der steilen Flanke in der Luft stehen. Die beiden steif gefrorenen Männer am Boden haben es schwer. Gegen die eiskalten Luftwirbel müssen sie sich mit aller Kraft an einem Seil zum Helikopter hinaufziehen.

Nun folgt ein Kontrollflug zum Avachinsky. Der Pilot fliegt einen Halbkreis um den Nachbarn des Koryaksky, quert dessen vergletscherte Somma-Caldera und gewinnt langsam an Höhe, bis wir direkt über dem Krater schweben. Er ist prall gefüllt mit einem bedrohlich gasenden, heißen Lavapfropf, der zu jeder Zeit explodieren kann. Obwohl instrumentell bestens überwacht – ist der Avachinsky 1991 völlig unerwartet zum letzten Mal ausge-

brochen. Die Explosionswolke stieg mehrere Kilometer in den Himmel. Anschließend quoll aus seiner Flanke nah am Gipfel ein zäh fließender Lavastrom. Zum Glück liegt Petropavlovsk 30 Kilometer entfernt. Von den Glutflüssen ihrer Hausvulkane geht für die Stadt keine unmittelbare Gefahr aus. Vielmehr fürchten die Bewohner von Petropavlovsk ein starkes Erdbeben, das ihre maroden Behausungen wie Kartenhäuser zusammenstürzen lassen würde. Im vulkanologischen Institut werden sämtliche auf Kamtschatka auftretenen Erdbeben akribisch aufgezeichnet und analysiert. Die meisten Beben ereignen sich vor der Ostküste Kamtschatkas, dort wo die Pazifische Platte entlang der Subduktionszone unter die Eurasische Platte in die Tiefe abtaucht. Die Reibung der Erdplatten erzeugt Spannungen, die sich in unvermittelt auftretenden Erdbeben entladen.

Tags darauf begleiten wir ein Team von mehreren Vulkanologen zur nördlich gelegenen Karymsky- und Uzon-Caldera. Die Mann-

Als nackter, schwarzer Kegel erhebt sich der Karymsky über die sommerliche Tundra. Er ist einer der jüngsten und aktivsten Feuerspeier Kamtschatkas. Das blaue Holzhaus dient als Observatorium der Wissenschaftler, die den Vulkan überwachen.

Rechts: Blick auf den Nachbarvulkan des Avachinsky, den 3.456 Meter hohen Koryaksky und seine kleineren Nachbarn Arik und Aag.

„Indian Summer" auf Kamtschatka: Prachtvoll überragt der Vilyuchinsky (2.173 m) die in herbstlichen Farben leuchtende Tundra. Links im Hintergrund der schneebedeckte Avachinsky.

schaft einer in der Wildnis installierten Wissenschaftsstation soll abgelöst und die Besatzung mit frischem Proviant versorgt werden. Wir überfliegen eine lange Kette erodierter Vulkane in unberührter Tundra, dem Revier der stattlichen Kamtschatka-Braunbären. Die Uzon-Caldera, nördlich vom Vulkan Karymsky gelegen, ist unser erstes Ziel. Hier sollen Messspeicher ausgewechselt werden. Es ist kaum vorstellbar, dass sich in der weitläufigen Senke, die von blau schimmernden Thermalseen, Sümpfen und Wasserläufen und von grüner, gelber und flammend rot leuchtender Vegetation durchzogen ist, einst ein mächtiger Vulkan erhob. Vor Hunderttausenden von Jahren zerstörte eine Folge gewaltiger Ausbrüche seinen Kegel. Weitere Eruptionen folgten in langen Zeiträumen aufeinander, bis das Magma irgendwann versiegte. Die entleerte Magmakammer ließ den Vulkan einstürzen. Auf diese Weise entstand eine 9 mal 12 Kilometer große Caldera, deren flacher Grund heute 700 Meter über Meereshöhe liegt. Im Süden, Westen und Norden wird die Uzon-Caldera von steil aufragenden Felswänden eingerahmt, die vor Jahrtausenden den Rand des Vulkans bildeten.

Überall in dieser weiten Senke sprudelt kochend heißes Wasser aus der Erde. Thermophile Bakterien und Algen, die sich in den Rinnsalen angesiedelt haben und ausgeblühte Mineralien leuchten in bunten Farben. Dampfschwaden steigen in die Luft. Der heiße, schwefelige Atem eines im Erdinneren schlummernden Wesens scheint über die Caldera zu streichen. Wir sind in einem einzigartigen Naturlabor gelandet, in dem sich Pflanzen und Tiere an die vulkanischen Aktivitäten angepasst haben und mit der unterirdisch erzeugten Wärme eine symbiotische Beziehung eingehen. Wissenschaftler haben beobachtet, dass die Nestbauzeit mancher Vogelarten hier bis in den Spätherbst andauert. Dank des speziellen Mikroklimas in der Caldera entwickeln sich die Jungen rascher, was den

Vögeln zwei Bruten im Jahr gestattet. Auch die Bären nutzen die vulkanisch erzeugte Wärme: Wenn in Wald und Tundra der Schnee noch meterhoch liegt, wandern sie zu den heißen Thermalfeldern, in deren mildem Mikroklima erste vegetarische Leckerbissen wachsen. An einer versiegten Quelle entdecken wir ihre Respekt einflößenden, frischen Spuren. Im Sommer und Herbst fressen sich die Bären den Fettvorrat für ihre lange Winterruhe an. In diesen Wochen ist die Wildnis für sie ein wahres Schlemmerparadies: Lachs gibt es im Überfluss und dazu reichlich Pflanzenkost, wie Wildfrüchte, Beeren, Nüsse und Pilze.

Nach nur zwanzig Minuten Aufenthalt wird der Rotor wieder angelassen; wir fliegen Richtung Süden zur Caldera des Karymsky. Der Stratovulkan begann vor etwa 7.000 Jahren innerhalb des älteren, von heftigen Explosionen erschütterten Vulkankomplexes zu wachsen. Er ist einer der jüngsten und aktivsten Feuerspeier Kamtschatkas. In den letzten 225 Jahren wurden 31 Ausbrüche registriert. Ein großer Teil seines nackten, ebenmäßig geformten Kegels ist mit Lavaströmen bedeckt, die weniger als 200 Jahre alt sind. Die absolute Höhe des Karymsky beträgt 1.536 Meter. Sein innerhalb der Caldera aufragender Lavakegel ist etwa 600 Meter hoch. Als wir zur Landung ansetzen, begrüßen uns die dort ansässigen Wissenschaftler mit freudigem Winken. Am Fuß des schwarzen Vulkanjünglings leuchtet ein riesiger Kratersee in einladendem Blau. Ringsum duftet ein buntes Blumenmeer. Wir schaffen das umfangreiche Material zur Station, einem blauen Blockhaus, und fliegen mit den abgelösten Wissenschaftlern zurück. Der Pilot gewährt uns noch einen ersehnten Blick in den Gipfelkrater des Karymsky. Der 240 Meter weite Trichter ist mit grobem Gesteinsschutt vom letzten Ausbruch aufgefüllt. Einzelne Gasfahnen quellen aus dem Krater und zeigen an, dass dieser junge Vulkan höchst lebendig ist.

Mutnovsky – Zwischen Gletschern und vulkanischer Glut

Wolfgang Müller

Am frühen Morgen, noch in der Dunkelheit, wird der Allrad-Lkw mit viel Proviant und Ausrüstung beladen. Es ist ein besonderes Glück, dass Evgenij einen Freund und Kollegen für unsere Exkursion zum Mutnovsky gewinnen konnte – den agilen Chefgeologen Viktor Okrugin, der sich seit vielen Jahren mit diesem Vulkan befasst. Einen besseren Führer gibt es nicht. Er ist uns spontan sehr sympathisch. Er hat noch zwei Freunde mitgebracht: Valery und Alexander. Außerdem sind natürlich Evgenij Gordev und seine Frau Ljuba mit dabei. Den Fahrer Anatol kennen wir bereits.

Der 2.324 Meter hohe Mutnovsky, genannt „Der Schmutzige", liegt etwa 70 Kilometer südlich von Petropavlovsk. Er gehört zur südlichen Vulkankette Kamtschatkas und ist von der Ostkette durch eine Senke getrennt, welche die Halbinsel in Höhe der Awatscha-Bucht von West nach Ost durchschneidet. Er ist kein „klassisch" geformter Vulkankegel, sondern ein komplex aufgebautes Vulkangebirge, das durch heftige explosive Eruptionen, die keinen vorhersehbaren Mustern folgen, in vielfältige Strukturen zergliedert ist.

Nach zwei Stunden Fahrt auf holpriger Piste passieren wir den Fuß des Vilyuchinsky-Vulkans, erklimmen einen steilen Pass und tauchen auf unwegsamem Gelände in eine 25 Kilometer Durchmesser umfassende Caldera ein, die auch den Gorely-Vulkan beherbergt.

Rechts: Im Hintergrund der von Wasser- und Winderosion tief eingeschnittenen Flanken des Maly Semiachik erhebt sich der Bolshoi Semiachik. Vor Hunderttausenden von Jahren haben gewaltige Eruptionen eine hufeisenförmige Caldera in das Vulkanmassiv gesprengt.

Ein Bad im türkisblauen Kratersee des Maly Semiachik wäre tödlich. Aus dem Boden des Kraters ausströmende Gase haben das Seewasser in eine ätzende Säure verwandelt.

Mutnovsky – Zwischen Gletschern und vulkanischer Glut

Ein heftiger Sandsturm zieht auf und nimmt uns die Sicht. Schließlich kommt noch undurchdringlicher Nebel auf. Viktor muss einige Male aussteigen und unserem Lkw vorauslaufen, um eine sichere Fahrmöglichkeit zu finden. Unterwegs in unwegsamem Gelände ohne Kompass und ohne Satellitennavigation sind wir überaus skeptisch, wie hier überhaupt noch eine Orientierung möglich sein kann. Wir lechzen jedoch nach Abenteuer und sind erwartungsfroh. Da, nach endloser Fahrt ohne Sicht bleibt das Auto stehen. Viktor steigt aus und informiert uns, wir seien angekommen. Wo? Draußen taucht tatsächlich ein verrosteter Container auf, das Basislager des Mutnovsky. Während wir das Feuer anfachen und das Essen zubereiten, fegt der Sturm die Nebelschwaden weg, doch dann fängt es an zu regnen. Wir beschließen den Tag mit einem üppigen Mahl aus verschiedensten Lachssorten. Dazu gibt es reichlich „Wässerchen".

Am nächsten Morgen strahlt die Sonne vom tiefblauem Himmel. Der aus ursprünglich vier Schichtvulkanen zusammengesetzte Mutnovsky erhebt sich als wuchtiger Gebirgsrücken vor uns. Seinen zwei noch aktiven Kratern entströmen weithin sichtbare weiße Dampfsäulen. Die 15 Ausbrüche der letzten 150 Jahre waren alle explosiver Natur. Die einzige Ausnahme: ein zähflüssiger Lavastrom in Jahr 1904. Der letzte Ausbruch 1960 förderte beträchtliche Aschen- und Gesteinsmassen zutage.

Gut ausgerüstet marschieren wir hinter Viktor her. Wir queren einen breiten, von vereistem Schnee überzogenen Hang und gelangen zu dem einzig möglichen Einstieg, einem schluchtartigen Einschnitt zum Hauptkrater. Unsere Gruppe quält sich über Aschen- und Geröllhalden, die immer wieder durch vereiste Schneefelder und klaffende Spalten unterbrochen werden, in denen wir in bis zu 60 Meter Tiefe Wasser tosen hören. Ursprung der reißenden

Schmelzwasser-Ströme ist einer der beiden ausladenden Gletscher, die den östlichen Teil des Kraterinneren ausfüllen. Der Pfad verläuft weiter in einem Canyon mit hohen, nahezu senkrechten Felswänden. Steinschlag-Salven schrecken uns immer wieder auf. Leichte, für den Menschen kaum wahrnehmbare Erdbeben genügen, um kleine Felsbrocken und nicht selten auch tonnenweise Gestein aus den Felswänden zu lösen und in die Tiefe stürzen zu lassen.

Wir mühen uns steil nach oben und müssen dabei gewaltige Felsblöcke umgehen, wahrscheinlich die Zeugen früherer Gesteinslawinen. Schließlich überwinden wir einen Dom aus sehr zähflüssiger Lava, der wie ein Hefekuchen bereits 50 Meter aufgequollen ist. Die unter ihm aufgestauten Gase könnten den Vulkan jederzeit explodieren lassen.

Dann bekommen wir endlich Einblick in die gewaltige Arena des von vielfältiger Aktivität geprägten Mutnovsky-Kraters. In seinem Inneren treffen Feuer und Eis aufeinander. Gegenüber unserem Einstieg hängen die hellblauen Eisschollen des Gletschers. Unter uns rauscht ein von Schmelzwasser gespeister Bach. An verschiedenen Stellen zischt vulkanisches Gas mit ohrenbetäubendem Getöse aus schwefelumsäumten Löchern. Die Schwefelkristalle leuchten in hellem Gelb. Gleich daneben brodelt grauer, kochend heißer Schlamm in einem großen Tümpel. Je weiter wir uns hineinwagen in den laut atmenden, erzitternden und von stechenden Schwefelgasen umwehten Krater des Mutnovsky, umso stärker wird in mir das Gefühl, in das Ur-Chaos der Erde einzudringen. Hier walten die Stoffe der Urschöpfung. Um uns herum ist alles Prozess, ein ursprüngliches, schauerliches Spiel der Elemente. In dieser zersplitternden und sich immer wieder neu formenden Urlandschaft wird die menschliche Vorstellung vom Anbeginn

Vorhergehende Doppelseite:

Blick in das berühmte „Tal der Geysire". Die vielfältigen Thermalerscheinungen in der Dolina Geizerov stehen im Zusammenhang mit der unterirdischen Hitze des Kikhpinich-Vulkans, der zuletzt vor etwa 200 Jahren ausbrach.

Prächtige herbstliche Wildnis in der Nähe der Goldlagerstätte Rodnikovoe, am südwestlichen Fuß des Vilyuchinsky.

Flug über unberührte Taiga- und Tundra-Landschaft.

der Erde zur beklemmenden Realität. Unvermittelt stehen wir vor einem orthodoxen Grabkreuz. Die Holzbalken sehen ziemlich neu aus, sind aber bereits von ätzenden Gasen und harter Witterung rissig geworden. Ein halb verschmorter Gummistiefel liegt davor. Viktor berichtet von einem tragischen Unfall: Vor einigen Jahren, während einer Messkampagne, sei an dieser Stelle ein Student zu Tode gekommen. Er wollte für die Gruppe ein im Lkw vergessenes Messgerät herbeischaffen und hatte sich während der Rückkehr im dichten Nebel verirrt. Der Boden brach unter ihm ein und er stürzte in den kochend heißen Schlamm. Am dritten Tag der Suchaktion fand man nur noch Reste des Stiefels und einen einzigen Knochen. Der Schlamm hat einen pH-Wert von unter 1. Die Temperatur beträgt über 100° C. Er enthält Salzsäure, Salpetersäure und Schwefelsäure in hoher Konzentration. Erst jetzt fällt mir auf, dass der Boden unter unseren Füßen hohl klingt. Mit einem Schaudern verlassen wir dieses grauenvolle Mahnmal und nehmen den Gletscher in Angriff, um den zuletzt aktiven Krater des Mutnovsky in Augenschein zu nehmen. Als wir endlich dessen Flanke erreichen,

erweist sich diese als so steil, dass wir uns nacheinander mühsam an einem Seil zum Kraterrand hochziehen müssen. Dort erwartet uns die nächste Hürde: Der Grat ist so schmal, dass wir mit äußerster Vorsicht über ihn hinwegbalancieren müssen, um nicht in die Tiefe zu stürzen. Heiße Schwefelgase entweichen laut zischend aus den steilen Innenwänden – der unheimliche Kessel scheint ziemlich unter Druck zu stehen. Die Ruhephase des Mutnovsky ist gewiss nicht von Dauer.

Am späten Nachmittag treten wir den Rückmarsch an. Ein Abstecher zu einem rauschenden Wasserfall vermittelt uns eine Vorstellung von dem enormen Schmelzwasservolumen des Gletschers. Von der Gluthitze des Vulkans ausgelöst, fräsen sich die Sturzbäche aus geschmolzenem Eis unermüdlich in seine Flanken.

Als die Sonne untergeht, kommen wir am Fahrzeug an. Die Heimfahrt zieht sich lange hin. Erst frühmorgens am nächsten Tag erreichen wir Petropavlovsk – todmüde aber von unseren russischen Freunden und den Vulkan-Majestäten Kamtschatkas mit einer Fülle unvergesslicher Eindrücke beschenkt.

Links: Über steilen, zerklüfteten Felswänden, aus denen heiße vulkanische Gase entweichen, hängen die Reste mächtiger Gletscher. Sie haben den Krater des Mutnovsky vor der letzten Eruption vollständig ausgefüllt.

Rechts: Blick in den zuletzt aktiven Krater des Mutnovsky: Heiße Schwefelgase entweichen laut zischend aus den steilen Innenwänden.

Das Zusammenspiel von Gletschereis und vulkanischer Glut gestaltet die komplexe Kraterlandschaft des Mutnovsky
immer wieder neu. Vom aufgeheizten Kraterrand fließendes Schmelzwasser gräbt tiefe Rinnen ins Gestein. Wenn gewaltige
Eruptionen den Vulkan erschüttern, stürzt das rasch schmelzende Gletschereis in reißenden Strömen – so genannten
Lahars – zu Tal, schwemmt losgespülte Aschen und Gesteinstrümmer mit sich und fräst tiefe Canyons in seine Flanken.

Ol Doinyo Lengai – Tansania

Majestätisch überragt der Ol Doinyo Lengai die weitläufige Savanne des Great Rift Valley. Er ist der „kälteste" Vulkan der Erde und der heilige Berg der Massai, Wohnsitz ihres Gottes „Engai".

Geologisch betrachtet gehört der Ol Doinyo Lengai zum Ostafrikanischen Grabenbruch, der vor etwa 20 Millionen Jahren entstand. Gewaltige Kräfte im Innern der Erde rissen die Erdkruste auf, so dass die Oberfläche in parallelen Faltenwürfen absank. Die geologische Störzone erstreckt sich vom Jordantal über das damals neu entstandene Rote Meer 6.000 km weit nach Süden bis an den Sambesi in Mosambik. Entlang dieses Grabens reihen sich unzählige Vulkane. Die meisten Krater sind aber seit langem erloschen. Bei uns prägten der bekannte Ngorongoro-Krater und die an Großwild reiche Serengeti das Bild von diesem Kraterhochland, das als Geburtsstätte der Menschheit gilt.

Der Ol Doinyo Lengai ist außergewöhnlich und ein Faszinosum für die Vulkanologen: Er ist weltweit der einzige Vulkan, der sogenannte Natrokarbonatit-Lava fördert. Diese Lava kommt mit einer Temperatur von nur 500 bis 600° C an die Erdoberfläche und ist damit die „kühlste" aller Laven. Andere Vulkane, wie der Kilauea auf Hawaii, fördern doppelt so heiße, silikatische Gesteinsschmelzen. Trotz der im Verhältnis zu den silikatischen

Laven niedrigen Temperatur trägt die chemische Zusammensetzung dieser Lava zu ihrer extremen Dünnflüssigkeit bei. Die relativ niedrige Temperatur ist auch der Grund dafür, dass die Lava des Ol Doinyo Lengai nur bei Nacht dunkelorange leuchtet. Bei Tageslicht erinnert die schnell fließende Schmelze an schwarzen, öligen Schlamm. Sobald diese an Natrium- und Kaliumkarbonat reiche Lava abkühlt, beginnt eine chemische Reaktion unter Einwirkung von Kohlendioxid und Wasser in der Atmosphäre. Innerhalb weniger Stunden verfärbt sich der dunkle, glatte Gesteinsstrom grau oder hellbraun, zersetzt sich zu bröseligem Fels und überzieht sich schließlich mit einer weißlichen, pulvrigen Sodaschicht. Das mit Lava aufgefüllte Kraterinnere erscheint daher wie eine weite schneeweiße Fläche, auf der sich die frisch ergossenen Lavaströme wie schwarze Zungen in alle Richtungen verzweigen. „Schneeberg" stand in kleinen Lettern auf alten Ostafrika-Karten unter dem Ol Doinyo Lengai, da die ersten Forschungsreisenden die Lava an den Außenhängen des Vulkans aus der Ferne für Schneefelder hielten.

Expedition zum „kältesten" Vulkan der Erde

Wolfgang Müller

Ein Filmprojekt nimmt Gestalt an: Das SWR-Fernsehen beschließt, für die Sendereihe *Länder, Menschen, Abenteuer* einen Film mit mir am Vulkan zu drehen. Titel: *Ein Leben mit den Feuerbergen*. Die Dreharbeiten führen uns im Juli 1999 nach Tansania zum Ol Doinyo Lengai, dem heiligen Berg der Massai. Unsere Route führt durch die weitläufige Savanne entlang des Rift Valley, über staubige Pisten und durch ausgetrocknete sandige Flussbetten. Nur in der Trockenzeit gibt es hier ein Durchkommen. Irgendwann jedoch bleibt der Lkw, der unsere Ausrüstung transportiert, im tiefen Sand stecken. Was des einen Mühsal, ist des anderen Unterhaltung: Während wir in schweißtreibender Hitze Sand schaufeln und uns abmühen, das Heck des Fahrzeugs anzuschieben, beobachtet uns aus einiger Entfernung eine Gruppe Massai. In ihre traditionellen roten Gewänder gehüllt, sitzen sie gelassen und würdevoll im Schatten einer Schirm-Akazie. Im Umland des Ol Doinyo Lengai leben ca. 10.000 Massai. Sie ziehen mit ihren großen Viehherden als Hirten-Nomaden durch die Savanne. Noch bis in die Mitte des 19. Jahrhunderts galten die Massai als überaus kriegerisch. Lediglich Sklavenhändler und Elfenbeinjäger wagten sich in diesen abgeschiedenen Teil des Landes vor. Erst als die Missionare kamen – überwiegend Deutsche – und die Christianisierung vorantrieben, verhallten die Angst- und Schrecken einflößenden Massai-Geschichten.

Völlig verstaubt und durchgeschüttelt erreichen wir das Lake Natron Camp am gleichnamigen See. Es bleiben nur ein paar Stunden zum Ausruhen, dann stellen wir unser Gepäck zu Trageinheiten zusammen. Noch für die kommende Nacht ist die Besteigung des Berges geplant. Tagsüber wäre die Hitze zu drücken. Chris Weber, ein verlässlicher und routinierter Organisator von weltweiten Vulkan-Expeditionen, hat dafür bereits im Vorfeld über Mittelsmänner Träger organisiert. Dreißig Mann sollen an einem vereinbarten Treffpunkt auf uns warten. Neun Tage wollen wir im Krater campieren. Zelte, Kamera-Ausrüstung, wissenschaftliches Gerät, Lebensmittel und vor allem: Wasser – das dennoch nur zum Trinken, Kochen und Zähneputzen reichen wird – alles muss den Berg hinauf.

Um Mitternacht brechen wir zum vereinbarten Treffpunkt auf. Er liegt auf der Flanke des Lengai in 1.100 Meter Höhe. Mehr schwimmend als fahrend bewegt sich unser Landrover durch die Aschenbetten, die den Fuß des Berges säumen. Nach einer Stunde erreichen wir unsere Träger. Die letzten Gepäckeinheiten werden zu Bündeln verschnürt, Rucksäcke, Körbe, Kartons und Kanister auf starke Schultern verteilt. Einer der jungen Massai balanciert fünf große, mit Strohbändern verschnürte Paletten mit rohen Eiern auf seinen Händen vor dem Bauch.

Um ein Uhr nachts beginnen wir im Lichtstrahl unserer Stirnlampen den Aufstieg. Der Widerschein des fast vollen Mondes taucht den ebenmäßigen Vulkankegel in ein tiefblaues, geisterhaftes Licht. Etwa 1.700 Höhenmeter erwarten uns bis zum Gipfel. Zunächst schlängeln wir uns durch meterhohes, widerspenstiges Elefantengras. Bei jedem Schritt schieben wir die zähen Halme beiseite. Die Passage ist nur andeutungsweise zu erkennen. Schon nach vierzig Minuten Gehzeit wird die Flanke unangenehm steil und rutschig. Der 20 Kilo Rucksack lastet auf meinen Hüften und Schultern. Ich muss meine Schritte sehr konzentriert setzen und mit den Teleskopstecken ständig absichern. Immer wieder mühen wir uns über klaffende Spalten, die die Bergflanke regelrecht zerschneiden. Nach stundenlangen Strapazen erreichen wir morgens

um sieben die wegen häufigen Steinschlags gefährliche Geröll- und Aschenzone, etwa 400 Meter unterhalb des Gipfels. Die Sonne ist bereits auf der gegenüberliegenden Bergseite aufgegangen. Vorerst bewegen wir uns noch im Schatten. Die Flanke ist hier mit ca. 45 Grad Neigung extrem steil und rutschig. Stellenweise komme ich nur auf allen Vieren voran. Trotz einfachstem Schuhwerk stehen uns die Massai nicht nach, im Gegenteil, sie sind den Aufstieg gewöhnt. Einige der afrikanischen Träger bewältigen den steilen Aufstieg lässig in Gummisandalen. Der Ol Doinyo Lengai ist ihr heiliger Berg. Er ist Sitz und Wohnung von „'Ngai", des „einen und einzigen Gottes". Bei Dürren, Krankheit und kriegerischen Auseinandersetzungen mit Nachbarstämmen opfern die Massai am Fuß des mystischen Berges Lämmer und Ziegen und hoffen auf Engais Gnade.

Wegen seiner Steilheit und schwierigen Geröll- und Aschenpassagen galt der Berg lange Zeit als unbesteigbar. 1894 unternahm ein Biologe namens Neumann mit einem kleinen Team den ersten Versuch, den Lengai zu besteigen. Unpassierbare Geröllfelder zwangen zur Aufgabe. Was Neumann und seinen Kollegen nicht gelang, schaffte 10 Jahre später eine Expedition der deutschen Otto-Winter-Stiftung. Ihre vor Begeisterung schillernden Publikationen ließen unzählige Wissenschaftler nachfolgen.

Endlich – nach einer weiteren Stunde hat die lange Tortur ein Ende. Erleichtert stehen wir am Kraterrand. Was sich nun unseren Augen offenbart, lässt sämtliche Qualen des Aufstiegs schnell vergessen. Das weite Plateau einer fremdartigen Kraterlandschaft breitet sich vor uns aus, in blendendem Weiß – wie frisch verschneit. Über den flachen Kraterboden erheben sich haushohe steilwandige Hornitos. Fast alle leuchten weiß, nur einer ist schmutzig braun. Aus ihren spitz zulaufenden Schloten steigen helle Gasfahnen in den Himmel. Das spröde, in bizarren Strukturen erstarrte Gestein des Kraterbodens ist von Spalten durchzogen, denen Fumarolen – heiße vulkanische Gase – entströmen. Wolkenschwaden ziehen über den Berg und tauchen die Kraterlandschaft in eine noch unwirklicher erscheinende Atmosphäre. Es scheint, als seien wir auf einem fernen, jungen Planeten gelandet. Doch wir stehen auf unserer viereinhalb Milliarden Jahre alten Erde, die uns eindrücklich vor Augen führt, dass sie noch immer ein überaus dynamischer Planet ist, der aus seinen Tiefen Glutflüsse und heiße Gase mit urgewaltiger Lebendigkeit nach außen befördert.

Erschöpft ruhen sich die Massai aus. Nach ein paar Stunden Schlaf wollen sie wieder absteigen. Mich treibt die Neugier. Gespannt lege ich mein Gepäck ab und mache umgehend einen Erkundungsgang. Zunächst zieht es mich zum größten Hornito, dessen Inneres einen Durchmesser von zehn Metern hat. Die ausgeflossene, noch schwarze Lava auf seiner Flanke zeigt an, dass dieser Hornito vor kurzem aktiv war, denn bereits ein, zwei Tage nach ihrem Austritt verfärbt sie sich weiß. Tatsächlich entdecke ich im Krater eine kleine Vertiefung. In einem nur 50 Zentimeter großen Tümpel pulsiert tiefschwarze Lava, von ihrer Viskosität vergleichbar mit dünnflüssigem Schlamm. Ich spüre leichte Erdbewegungen, vielleicht ein Hinweis, dass die Aktivität des Hornitos bald eskaliert. Die übrigen Lavakegel gasen mehr oder weniger stark.

Mittlerweile hat Chris den Zeltaufbau organisiert, misstrauisch beäugt von zwei Gazellen. Unser Kochkünstler Othman Swalehe bereitet ein leckeres Frühstück zu – es gibt Omelettes und belegte Brote, dazu heißen Tee. Wie verabredet, treffen wir den Amerikaner Fred Belton und seinen tansanischen Begleiter Paul Mongi. Fred ist begeistert vom Lengai. Seit 1997 besteigt er den tansanischen Götterberg jedes Jahr.

Die „klassische" Hornito-Landschaft im aktiven Nordkrater des Lengai. Aufnahme Juli 1999.

Wie geschmolzene Schokolade glänzt die vor kurzer Zeit erstarrte Lava in
einem kleinen Lavapool. Links am Bildrand Hornito T47. Aufnahme Sommer 1998.

Expedition zum „kältesten" Vulkan der Erde

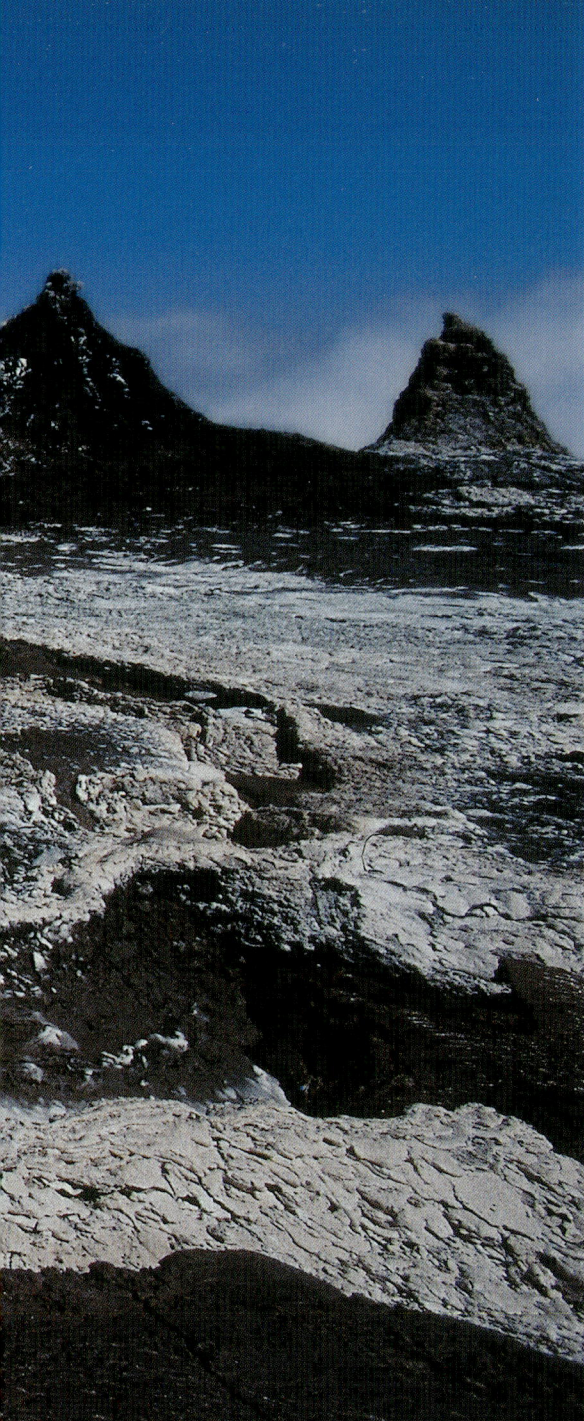

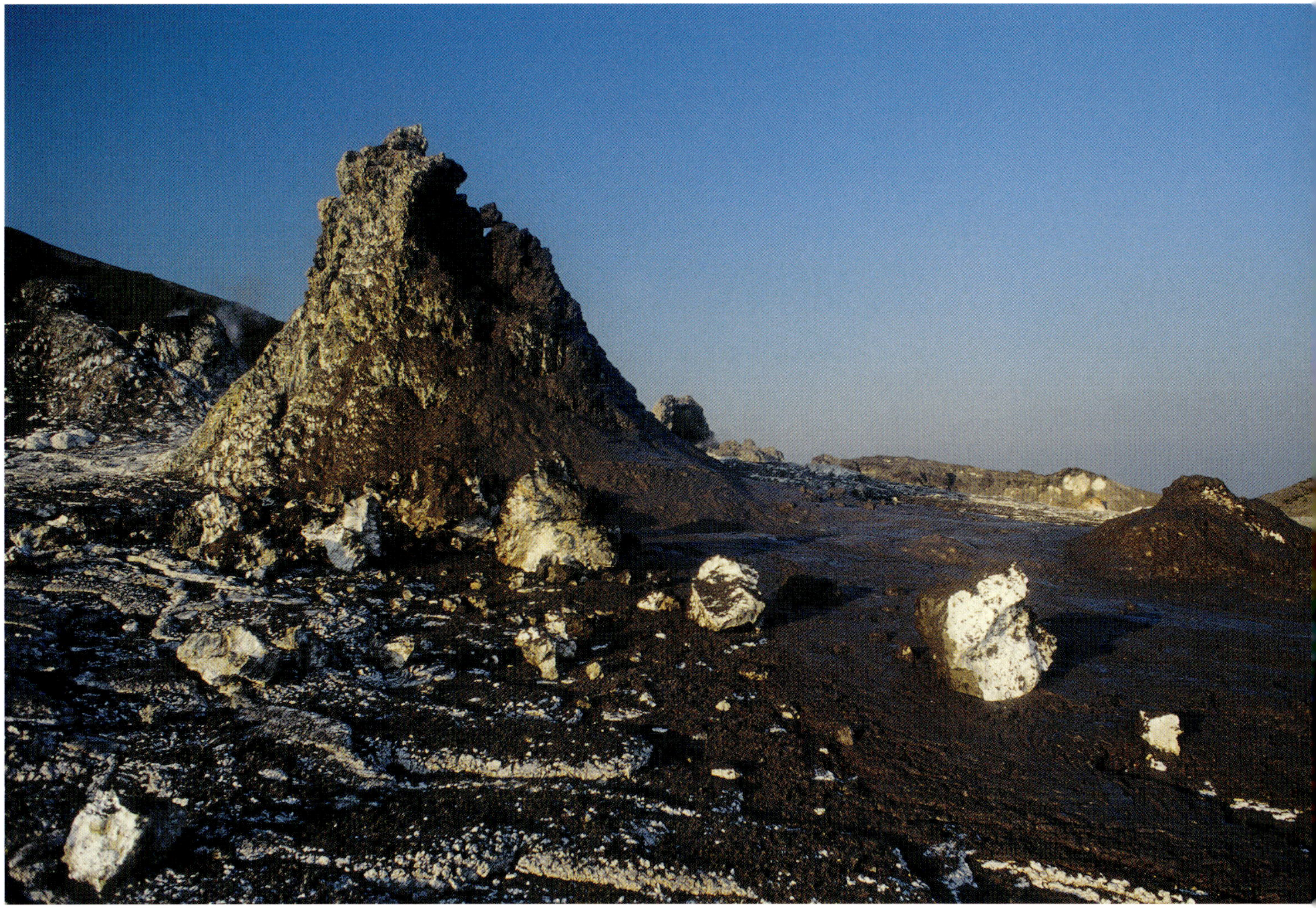

Das von frischer Lava überschwemmte Kraterplateau des Lengai. Vor dem Hitze ausstrahlenden Hornito liegen durch eine nächtliche Explosion herausgesprengte Gesteinstrümmer.

Expedition zum „kältesten" Vulkan der Erde

Am frühen Morgen des 26. Juli kollabiert nach einem Beben die Doppelspitze des großen, mit „T40" bezeichneten Kegels. Danach steigt das Niveau der wogenden Schmelze sprunghaft an. Die dünnflüssige, tiefschwarze Lava, die in der Sonne silbrig glitzert, quirlt in dem Kraterbecken unruhig hin und her. Aufsteigende Gasblasen lassen ihre Oberfläche unaufhörlich aufwallen und wie ölige Fontänen aufspritzen. Erst nachdem der Lavapegel wieder etwas gesunken ist, wage ich – von Chris und Fred mit einem Seil gut abgesichert – in den Hornito einzusteigen. Lederhandschuhe, ein dicker Overall, ein breitkrempiger Hut und darüber ein Helm schützen mich vor der aufsteigenden Hitze und den aufspritzenden Lavatropfen. Um Mund und Nase habe ich ein feuerresistentes Tuch geschlungen – ein Utensil aus meiner Zeit als Rennfahrer. Meine Augen sind durch eine Sonnenbrille abgeschirmt. Auf einem schmalen Überhang, fast auf der Höhe des Lavasees stehend, messe ich mit einem Bimetall-Thermometer die Temperatur der Lava. 518° C zeigt das Gerät an. Das ist weniger als die Hälfte der Lavatemperatur des Kilauea auf Hawaii.

Anschließend nehme ich einige Lavaproben. Eine der Proben ist für Professor Jörg Keller vom Institut für Mineralogie, Petrologie und Geochemie der Universität Freiburg bestimmt. Bei der Erforschung des Ol Doinyo Lengai haben sich deutsche Wissenschaftler besonders hervorgetan. Das Engagement ist wohl ein Erbe aus deutscher Kolonialzeit. Der Lengai gibt den Forschern nach wie vor große Rätsel auf. Noch immer ist ungeklärt, aus welcher Tiefe die besondere Lava des Lengai gefördert wird. Manche der in ihr enthaltenen Mineralien sind seltener als Diamanten und lassen auf eine Herkunft aus großen Tiefen schließen. Eigentlich müsste in dieser Riftzone jedoch basaltisches Gestein aufsteigen – aus dem Erdmantel. Vielleicht differenziert sich die austretende Karbonatit-

schmelze vom aufsteigenden Magma auch erst in geringerer Tiefe.

Jeden Tag steige ich über den Kamm des Kraters hinauf zum Gipfel des Lengai. In fast 3.000 Meter Höhe öffnet sich ein erhabener Rundblick über die von dunklen Kerbtälern zerfurchte Landschaft des Rift Valley. Während sie um diese Jahreszeit ausgedörrt in gedämpften Ocker- und Brauntönen erscheint, überzieht sie sich in der Regenzeit mit einem üppigen, frisch-grünen Flor. Im Norden, Richtung Kenia, glitzert der Natronsee in der Morgensonne. Sodahaltiges Mineral wird mit dem Regen vom Vulkan in den See gespült und macht das Wasser für Mensch und Tier ungenießbar. Zweimal im Jahr kommen jedoch Flamingos zum Brüten an den See und durchkämmen das Wasser nach Algen. Westlich des Lengai erhebt sich das Escarpment, eine felsige, etwa 200 Meter hohe Steilstufe. So nennt man die angehobenen Schultern, die den Ostafrikanischen Graben zu beiden Seiten begrenzen. Das Escarpment im Westen geht über in eine Hochebene, zu der auch die berühmte Serengeti mit ihrer reichen Tierwelt gehört. Im Süden und Südwesten wird die Grabenschulter von erloschenen Kraterkegeln flankiert, darunter der stattliche Nachbarvulkan des Lengai, der etwa 2.600 Meter hohe Kerimasi. In der Trockenzeit lassen die Massai ihre Rinder im noch grünen Gras seines Kraters weiden. Im Südosten erhebt sich der 4.567 Meter hohe Mount Meru, und an klaren Tagen schweift der Blick weiter östlich bis zu Afrikas höchstem Berg, dem 5.895 Meter hohen und ca. 150 km entfernten Kilimandscharo. Vom Gipfel bietet sich auch der beste Ausblick auf das Kraterplateau. Stets ändert die Kraterlandschaft ihr Gesicht. Alte Hornitos verwittern und neue entstehen. Chris fertigt eine Skizze an, die spätere Vergleichsstudien ermöglichen sollen. So weiß man z.B., dass der Kratergrund 1960 noch ca. 150 Meter tiefer lag. Nach und nach hat die austretende Lava den Krater

bis zum Rand aufgefüllt. Seit 1998 läuft sie an einigen Stellen über den Kraterrand hinweg. Doch nicht nur austretende Lavaströme prägen die Aktivität des Ol Doinyo Lengai. Auch große explosive Eruptionen sind bezeugt. In den Jahren 1917, 1926, 1940 und 1966 – 67 wurden am Lengai größere Asche-Eruptionen beobachtet.

31. Juli, unser letzter Tag im Krater. Das Niveau des Lavasees ist bis zehn Zentimeter unter den Rand des Hornitos gestiegen. Ich hätte mir nicht träumen lassen, dass wir das Glück haben, den Lengai in einer solch spannenden Aktivphase zu sehen, in der sich ein Lavasee von der Basis – vom ganz kleinen Loch mit Lavazufuhr – bis zu diesem kochenden, quirlenden Topf entwickelt. Bis spät in die Nacht hinein beobachten wir das Geschehen, in der Hoffnung, dass die Lava überläuft. Stattdessen scheint der Pegel wieder zu sinken. Schließlich geben wir auf, da wir am frühen Morgen des nächsten

Tages den Abstieg angehen müssen. Umso größer die Überraschung am nächsten Morgen: Der Vulkan hat uns alle getäuscht! Wir blicken auf einen noch heißen, aber bereits verebbten Lavastrom, der eine tiefschwarze Spur auf der Flanke des großen Hornitos und auf dem flachen Kratergrund hinterlassen hat.

Wie verabredet, treffen allmählich unsere Massai-Träger ein. Wir müssen uns losreißen von der bizarren Kraterwelt des Lengai. Um neun Uhr beginnen wir den Abstieg. Mir stehen wegen meiner lädierten Knie mühe- und schmerzvolle Stunden bevor. Doch das beeindruckende Bild des von Lava überschwemmten Hornitos lenkt meine Gedanken ab: Ist das nicht wundersam – viereinhalb Milliarden Jahre alt ist unser Planet, und heute Nacht durften wir erleben, wie neue Erde geboren wird. Ein ergreifender Augenblick – den wir allein den Vulkanen verdanken.

An der Spitze eines Hornitos wird Lava ausgestoßen. Bei leichten Explosionen fällt die Lava fladenförmig zu Boden, und die kleinen Teilchen zerspratzen nicht wie bei herkömmlicher Lava zu unförmigen, scharfkantigen Fragmenten, sondern minimieren sich – wie bei Schlamm, Wasser und Quecksilber – zu kleinen Kügelchen. Aufnahme Sommer 1998.

Hornito T40: Aus einer tunnelförmigen Öffnung innerhalb des großen Hornitos sprudelt ständig Lava heraus. Bei Tageslicht erinnert die knapp über 500°C „kühle" Natrokarbonatit-Lava des Lengai an Rohöl oder dünnflüssigen Schlamm. Nur in der Nacht leuchtet sie orange oder in mattem Rot. Aufnahme Juli 1999.

Fantastische Krater-Szenerien während meiner ersten Lengai-Reise 1998: Matt rot bzw. orange leuchtende Lavazungen gleiten über ältere, dunkle Ablagerungen hinweg. Das bereits verwitterte helle Gestein der Hornitoflanken scheint im Mondlicht silbern auf.

Nachmittags bemerken wir in einer badewannenähnlichen Krateröffnung aufschäumende Lava, deren Pegel langsam steigt. Nach Einbruch der Dämmerung ist es soweit: Die Lava hat den Kraterrand erreicht, schwappt über, begleitet von leichten Explosionen, bei denen schwach dunkelorange leuchtende Fladen hochgeworfen werden. Schließlich wird unser gesamter Beobachtungsplatz überschwemmt. Aufnahme Sommer 1998.

Die bizarren Lava-Skulpturen des Ol Doinyo Lengai scheinen
auf einem fernen Planeten zu wachsen. Aufnahmen Sommer 1998.

Der Vollmond illuminiert den Krater des Lengai:
Wie die Zunge in einem weit aufgerissenen Rachen leuchtet der
Lavasee im Inneren des Hornito T40. Aufnahme Juli 1999.

2006 – 2008: Der Lengai erneuert sein Gesicht

Klaudia Kretschmer

Am 30. März 2006 erschüttert eine gewaltige Eruption den Ol Doinyo Lengai. Augenzeugen berichten, dass sie ein Grollen und Donnern hörten, bevor der Vulkan Asche und Lava auszustoßen begann. Etwa 3.000 Menschen aus dem Umland müssen innerhalb weniger Stunden ihre Dörfer verlassen. Weite Flächen des Graslandes werden mit Aschen bedeckt und somit ungenießbar für das Vieh der Massai. Aschen verunreinigen auch die überlebenswichtigen Wasserquellen des Berges. „'Ngai" manifestiert sich als strafender Gott. Was erregt seinen Zorn? Als hätte der Berggott in seiner hoch gelegenen Residenz ein Überdruckventil geöffnet, stürzt ein mächtiger Lavastrom in schwarz glänzenden Kaskaden die westliche Bergflanke hinab. Er ergießt sich bis über den Fuß des Vulkans hinaus breitflächig in die Ebene. Im Inneren des aktiven Nordkraters ereignet sich ein Kollaps. Ein Krater im Krater – ein sogenannter Intra-Krater bildet sich.

Im Juli und August 2007 werden im Rift Valley rund um den Lengai auffallend viele tektonische Erdbeben registriert. Um Mitternacht vom 3. auf den 4. September 2007 münden die Erdbewegungen schließlich in einen Paroxysmus – einer heftigen und gasreichen Eruption – worauf sich eine mehrere Kilometer hohe Aschensäule über dem Gipfel erhebt. Der erloschene Südkrater des Lengai verwandelt sich in eine öde graue Aschenwüste. Die grüne Vegetation, die seine Hänge bedeckte, wird vollständig vernichtet. Die charakteristischen Erosionsrinnen, die tief in seine Flanken schneiden, sind bald mit Aschen aufgefüllt, so dass sie kaum noch zu erkennen sind. Im Inneren des tobenden Nordkraters bildet sich ein Aschenkegel. Explosionsartig schießen Aschen, Lapilli und auch größere Projektile, wie vulkanische Bomben und Gesteinsblöcke, aus dem Krater. Ein Aufenthalt im Gipfelbereich ist lebensgefährlich, die frühere Aufstiegsroute unpassierbar. Bis Ende Dezember 2007 ist der neue Kegel so stark angewachsen, dass er fast zwei Drittel des früheren Krater-

grundes samt seinen Hornitos bedeckt. Nur noch die Spitze eines einzigen Hornitos (T49B) ragt aus dem dunklen Aschenkegel hervor.

Zwischen dem 3. und 5. März 2008 ereignen sich die vielleicht stärksten Eruptionen, die jemals am Lengai beobachtet wurden. Die über zehn Kilometer hohen Aschensäulen sind weithin sichtbar. Aschenströme schießen unvermutet in verschiedene Richtungen die Bergflanke hinunter – möglicherweise pyroklastische Ströme aus den kollabierenden Aschensäulen – vielleicht auch „nur" Aschen- und Geröll-Lawinen vom zertrümmerten Kraterrand. Das Tal zwischen dem Lengai und dem Escarpment wird mit einer hohen Schicht heller Aschen bedeckt.

Für die Massai brechen schwere Zeiten an. Ihre Rinder wollen das von Aschen bedeckte Gras nicht fressen. Die meisten machen sich auf die Suche nach Weiden, die nicht vom vulkanischen Niederschlag betroffen sind und ziehen mit ihren Herden in die Savanne hinaus. Einige jedoch bleiben am Fuß des Vulkans und versuchen sich mit ungewöhnlichen Mitteln zu helfen. Um ihren Tieren das Gras wieder schmackhaft zu machen, fegen sie es mit Besen sauber. Darin manifestiert sich ein erheblicher Grad der Verzweiflung, denn die Massai hassen handwerkliche Arbeit. Sie ist mit ihrer Kriegerwürde nicht vereinbar. Mit schmerzenden Blasen an den Händen suchen etliche Männer die mobilen Kliniken der flying medical pilots auf …

Die Zornesausbrüche des „'Ngai" haben die Topografie des Berges nachhaltig verändert. Jeder, der den Götterberg der Massai bestiegen hat, wird ihn kaum wiedererkennen. Der neue Aschenkegel dominiert nun vollkommen den Nordkrater des Lengai. Ein gähnend tiefer vent (Schlot) ist in dessen Mitte hineingesprengt. Das einzigartige Kraterplateau mit seinen bizarren Hornitos ist Geschichte. Ein neuer Lebenszyklus des Ol Doinyo Lengai hat begonnen.

Die Kraterlandschaft des Lengai mit seinen charakteristischen Hornitos Anfang August 1999. Im Vordergrund der ausgeflossene Lavasee von Hornito T40.

Hawaii-Inseln – Pazifik

Eine gigantische Magma-Säule schweißt sich mitten im Pazifik durch die ozeanische Erdkruste. Die über den „heißen Fleck" driftende Pazifische Platte lässt die vulkanische Inselkette Hawaiis entstehen.

Auf Big Island, der größten und jüngsten Hawaii-Insel, schmiegen sich riesige, sanft gewölbte Schildvulkane aneinander. Charakteristisch für ihre Entstehung sind die lang andauernden effusiven Eruptionsphasen, während derer Unmengen sehr dünnflüssiger, aus gasarmem und basischem Magma erzeugte Lava austreten und kilometerweit bis zum Pazifischen Ozean fließen. Schicht um Schicht legen sich die erkaltenden Lavaströme übereinander. So wuchsen die beiden mächtigsten Vulkane der Erde empor, die den Mount Everest weit überragen. Der mit einer Schneehaube gekrönte Mauna Kea, der „weiße Berg", ist mit 4.205 Metern über dem Meeresspiegel der höchste Berg auf Big Island. Er gilt als schlafender Vulkan. Sein Alter wird auf eine Million Jahre geschätzt. Er ist – von seiner Basis am Meeresgrund aus gemessen – etwa 10.205 Meter hoch. Neben dem Mauna Kea erheben sich der erloschene Kohala (1.670 m), der noch als aktiv eingestufte Hualalai (2.521 m) und der zuletzt im Jahr 1984 tätige, 4.170 Meter hohe Mauna Loa, der „lange Berg". Mit dem Südost-Fuß des Mauna Loa verschmilzt der Kilauea (1.247 m). Seit Januar 1983 ist er der ak-

tivste Vulkan auf Hawaii. In der Caldera des Kilauea befindet sich die „Feuergrube" Halemaʻumaʻu – „das ewige Heim". Hierhin hat sich die hawaiianische Feuergöttin Pele zurückgezogen. In der Welt der alten Polynesier, in der alle Naturgewalt als lebendige Kraft angesehen und als Gottheit personifiziert wurde, ist Pele geboren. Nahezu ununterbrochen ist die temperamentvolle Göttin damit beschäftigt, die Insel durch Lavaströme und andere vulkanische Auswurfprodukte zu vergrößern und zu erneuern. Die alten Polynesier haben früh erkannt, dass die Vulkangottheit nur femininer Natur sein kann, da sie fruchtbare Erde, neue Lufthülle und Wasserhaushalt gebärt. Pele's hair – in die Luft geschleuderte dünnflüssige Lava, die zu gläsernen Fäden „gefriert" und wie Büschel goldblonden Haares vom Himmel regnet, hat ihr Bild von der Feuergöttin als langhaarige Frauenschönheit geprägt. Nicht nur die Furcht der Hawaiianer, ihr Hab und Gut durch vulkanische Aktivität zu verlieren, hat ihren Glauben an Madame Pele tief verwurzelt. Er ist auch ein Ausdruck ihres Respekts und ihrer Bewunderung gegenüber der unbezwingbaren Kraft und der mystischen Schönheit der Natur.

Exkursion zum Pu'u O'o, einem Kind des Kilauea

Wolfgang Müller

Vorhergehende Seite links:

Kilauea/Big Island –
der feurige Atem der
Feuergöttin Pele ergießt
sich in den Pazifik und
taucht die Küste in mystische
Schöpfungsstimmung.

Vorhergehende Seite rechts:

Lavasee im Pu'u O'o-Krater.
Aufsteigende Gasblasen
schleudern Lavafontänen in
die Luft.

Blick auf den sprudelnden
Lavasee im Krater des Pu'u
O'o. Der Pit-Krater bildete
sich 1983, nachdem aus der
Ostflanke des Kilauea
Lavafontänen in die Höhe
schossen. Sie ließen um den
Schlot einen 300 Meter
hohen Kegel wachsen.

„Schau mal, sieht die Eruptionswolke der Hekla nicht aus wie das Gesicht der Feuergöttin Pele?" Meine Frau Helga beugt sich über das Dia, das vor uns auf dem Leuchttisch liegt. „Ja, stimmt… Ein Gesicht im Profil – eingerahmt von langen wallenden Haaren." Helga entdeckt noch ein zweites Gesicht. Verschwommen zeichnet es sich in der glutroten Wolke ab. Es dauert nicht lang und wir folgen dem „Lockruf" von Madame Pele! Durch Vermittlung unseres sizilianischen Freundes Mauro, der als Vulkanologe auf Hawaii arbeitet, fliegen wir kurz nach meiner Island-Reise nach Honolulu/Oahu und von dort nach Hilo/Big Island. Wir haben das Glück, im „Magma-House" zu wohnen, dem Gästehaus des HVO (Hawaiian Volcano Observatory). Es liegt auf dem Gipfelplateau des Kilauea, nur fünfzig Meter von seiner gewaltigen Caldera entfernt. So genießen wir direkt vom Haus den Blick zu Madame Peles Wohnsitz, dem tausend Meter weiten Halema'uma'u-Pitkrater, der in die Caldera eingebettet ist.

Als am Pu'u O'o, einem seit 1983 aktiven Nebenkrater des Kilauea, eine Spalte aufreißt, ist das Ziel unserer ersten Exkursion bestimmt. Schwer bepackt, mit Zelt, Kompass, Proviant, umfangreicher Fotoausrüstung und einem Auftrag des Instituts, machen wir uns auf den beschwerlichen Weg. Stundenlang waten wir in brütender Hitze durch triefenden, dampfenden Regenwald, schlängeln uns durch dichten 'Ohi'a-Farn, balancieren über endlose Felder chaotisch aufgeworfener Aa-Lava und über die brüchigen, scharfkantigen Schollen bizarr aufgefalteter Pa'hoe'hoe-Lava. Auf dem letzten Abschnitt der steilen Kraterflanke gleiten wir durch lockere Aschen bei jedem Schritt aufwärts einen halben zurück.

Verschwitzt, verdreckt und abgekämpft erreichen wir nach über sechs Stunden strapaziöser Wanderung den ersehnten Kraterrand. Der Anblick lässt uns den Atem stocken: Ein riesiger Schacht mit senkrecht abfallenden Wänden dehnt sich vor uns aus. Etwa achtzig Meter unter uns liegt ein unruhig wabernder Lavasee. Aufsteigende Gasblasen schleudern gewaltige, gelb leuchtende Fontänen in die Höhe. In formvollendeten Parabeln fliegen die glühenden Fladen durch die Luft. Wie in einem Springbrunnen klatschen sie auf die Oberfläche des Sees zurück, um sogleich erneut in den sprudelnden Brei einzutauchen. An den Rändern des Lavasees bildet sich eine silbrig glänzende, erkaltende Kruste, die von den spiralförmigen Kreisbewegungen in der Mitte wieder aufgerissen wird. Die Hitze, die uns entgegenschlägt, ist nahezu unerträglich – ein Spiegel der urgewaltigen Energie, die sich vor unseren Augen entfesselt. Das dramatische Geschehen wird lediglich von verhaltenen Geräuschen untermalt. Nur das an einen Wasserfall erinnernde Aufklatschen von Lavafetzen erreicht unsere Ohren.

Widerwillig reißen wir uns von dem schaurig-schönen Anblick los, um an einer dampfenden Spalte – nur zwanzig Meter neben dem Kraterrand – unser Zelt aufzubauen. Zwar sind wir hier fortwährend der Feuchtigkeit heißen Wasserdampfes ausgesetzt, doch dafür entschädigt uns eine natürliche „Fußbodenheizung", die die nächtliche Frische in immerhin knapp 700 Meter Höhe mildert.

Es wird schnell dunkel. Als die Sonne unter den Horizont sinkt, fällt uns ein Leuchten am südwestlichen Kraterhang auf. Voller Neugier laufen wir, über etliche Spalten springend, um die Bergflanke herum. Der Lichtschein wird intensiver, und unvermittelt erscheint ein steilwandiger, zehn Meter hoher Hornito. Ein gewaltiger, blendend gelber Lavastrahl bricht aus seinem Kragen hervor. Die Lavamassen sind so üppig, dass sich am Kegelfuß – innerhalb einer weitläufigen Senke – bereits eine Art Teich gebildet hat, der sich stetig nach allen Seiten vergrößert. Madame Pele in ihrem Element!

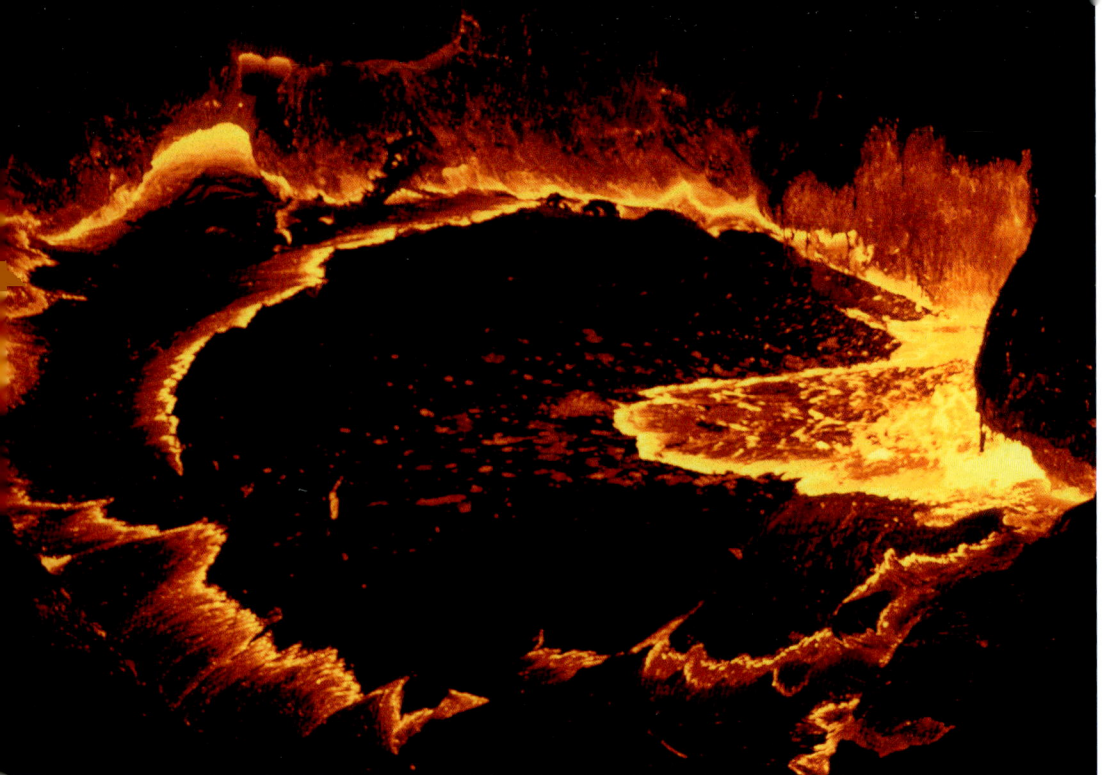

Ich wage mich bis auf acht Meter an den eruptierenden Vulkankegel heran, um einige Aufnahmen zu machen. Helga bleibt hinter mir zurück. Der Wind weht in meine Richtung. Unerträgliche Hitze schlägt mir ins Gesicht. Plötzlich nehme ich Brandgeruch wahr. Meine Jacke beginnt zu schmoren! Zwangsläufig muss ich meinen Abstand vergrößern, um nicht als menschliche Fackel zu enden.

Die Dunkelheit schält dieses grandiose Szenario noch drastischer heraus. Geradezu gespenstisch ist der flackernde, blendend helle Feuerschein. Die Intensität des von der Lava ausgestrahlten Lichts wechselt ständig, je nach Volumen des aus dem Kegel sprudelnden Strahls. Trotz der erstickenden Hitze, die uns entgegenschlägt, können wir uns nicht abwenden. Wie versteinert beobachten wir diesen urgewaltigen Schöpfungsakt der Erde. Wir wähnen uns dem gegenüber ganz klein und hilflos. Der Anblick ist so überwältigend, dass wir allmählich alles um uns herum vergessen. Unsere Sinne sind nur noch auf das Geschehen vor uns gerichtet, und bald fühlen wir uns gar als Teil von ihm.

Nach Stunden wechseln wir unsere Position und stellen uns knapp oberhalb des Hornitos auf die Pu'u O'o-Flanke. Das Rauschen, Zischen und Platschen des flüssigen Gesteinsstrahls dringt nun noch bedrohlicher in unsere Ohren. Doch der Wind fächelt uns hier frische Luft zu und treibt die Hitze von uns weg. Die Oberfläche des Lavateichs überzieht sich mehr und mehr mit einer plastischen dunklen Haut. An manchen Stellen reißt sie wieder auf, und die hellrot leuchtende, flüssige Gesteinsmasse quillt erneut daraus hervor. Unterströmungen und Turbulenzen lassen die Kruste unvermittelt auseinanderweichen und gleich daneben wieder in den Feuerstrom eintauchen. An den Rändern des Teichs wiederum staut sie sich auf zu chaotischen Gebilden aus dünner, bizarrer Pa'hoe'hoe-Lava.

Plötzlich gerät der Lavateich in turbulente Bewegung. Große Platten bereits erstarrter Kruste reißen auf. Frische Lava sprudelt in die aufbrechenden Spalten. Die Oberfläche des Teichs erscheint wie von grellroten Blitzen durchzuckt. Die Platten neigen sich und tauchen in die glühende Schmelze hinein – werden von einem unsichtbaren, gierigen Feuer-Maul verschluckt. Als hätte jemand den Stöpsel in einer Badewanne voller Wasser gezogen, sinkt der Spiegel des Teichs in kürzester Zeit um etwa anderthalb Meter ab. Irgendwo im Untergrund hat sich eine Öffnung aufgetan. Offenbar hat der Gesteinswall, der den Teich begrenzt, dem Druck der Lavamassen nicht länger standgehalten.

Während der acht Tage, die Helga und ich am Kraterrand des Pu'u O'o campieren, müssen wir uns immer wieder entscheiden, welchem der beiden spannenden Eruptionsherde wir uns zuwenden wollen – dem sprudelnden Lavasee im Krater oder den strömenden Lavakaskaden an seiner Flanke. Meine täglichen Rapports per walkie-talkie werden vom vulkanologischen Institut mit großem Interesse aufgenommen. Doch auch die aufbrausende Madame Pele wird irgendwann müde. Als die Flankenkaskade überraschend verebbt und die aus der Spalte am Kraterfuß strömende Lava in den Untergrund abtaucht und in einer selbstgestalteten „Röhre" dem Pazifischen Ozean entgegenströmt, ist es Zeit, unser Zelt abzubauen und den Schauplatz zu wechseln.

Der Lavasee im Pu'u O'o-Krater veranschaulicht in kleinem Maßstab, was sich auf der Ur-Erde abgespielt haben muss, als Meere von geschmolzenem Gestein ihre Oberfläche bedeckten.

Von der brodelnden „Feuergrube" zum kalten Ozean

Wolfgang Müller

Seit 1983 ist der Kilauea nahezu fortwährend aktiv. Hunderttausende Kubikmeter Gesteinsschmelze strömen täglich aus zentralen Förderschloten und den Spalten der Östlichen Riftzone hangabwärts. Nach unserer Expedition zu ihrem Ursprung in der brodelnden „Feuergrube" des Pu'u O'o folgen wir der Lava auf ihrem etwa zwölf Kilometer langen, gewundenen Weg zum Pazifik. Die gewöhnlich sehr dünnflüssige, gasarme Pa'hoe'hoe-Lava fließt ruhig dahin und bewegt sich sehr schnell voran. Sie erreicht beim Austritt Temperaturen von 1.000 bis 1.220° C – neben der des Piton de la Fournaise auf La Réunion die heißeste Lava der Erde. Zunächst bahnt sich der Glutstrom an der Oberfläche seinen Weg. Nach relativ kurzer Zeit taucht er in den Untergrund ab und gestaltet sich einen Fließtunnel. In dem geschlossenen Röhrensystem bestens isoliert, legt die Lava weite Strecken zurück. Nur an wenigen engen Stellen, an denen durch Turbulenzen oder zu hoher Durchflussmasse die schwarze Deckenkruste aufreißt, gibt ein Skylight den Blick auf die im Untergrund fließende Schmelze frei. Wir sind gebannt vom Anblick rotgelb leuchtender Lava, die je nach Hangneigung über 30 km/h schnell durch den Tunnel strömt und eine infernalische Hitze abstrahlt. Im Gegensatz hierzu bewegt sich die Front des Lavastroms frei an der Erdoberfläche. Schübe dünnflüssiger Pa'hoe'hoe-Lava schlängeln sich wie geschmeidig fließender Sirup voran. Ihre plastisch verformbare Oberfläche kühlt an der Luft schnell ab. Eine steife, silbrig glänzende „Haut" bildet sich, die von der heißeren und schneller strömenden Lava darunter gedehnt, zusammengedrückt, gerippt, gefaltet oder aufgeworfen wird.

Beim Erstarren bildet sich eine unerschöpfliche Vielfalt bizarrer, ästhetischer Strukturen.

Je nach Beschaffenheit der Landschaft sucht sich der Lavastrom den Weg des geringsten Widerstandes. Beim Durchqueren von Baumbeständen wird überraschenderweise nur eine schmale Schneise niedergebrannt. Der flach wurzelnde 'Ohi'a-Baum (Eisenholzbaum) – ein typischer Erstbesiedler erstarrter Lavafelder – und der im vollen Saft stehende Regenwald erweisen sich als relativ feuerresistent. Wenn die glühende Lava einen Baumstamm umfließt, bleibt dessen Form manchmal als fester Abguss erhalten. Beim Kontakt mit der kühlen Rinde erkaltet die Lava und härtet aus, bevor der Baum verbrennt. Zurück bleibt eine meterhohe senkrechte Lavaröhre, ein sogenannter „Lavabaum". Im Lava Tree State Park stehen die bizarren Überreste eines Waldes aus 'Ohi'a-Bäumen, der vor Jahrhunderten von einem Lavastrom vernichtet wurde.

Unaufhaltsam wälzt sich der Feuerstrom weiter in Richtung Ozean. Etwa drei Kilometer vor der Küste stürzt er am Hilina Pali, einer zwölf Meter hohen Abbruchkante, wie ein Wasserfall in flacheres Gelände hinunter, wo er sich breitflächig verteilt. Anfang der 1990er-Jahre wurden das beschauliche Dorf Kalapana an der Südostküste Big Islands und der schönste Campingplatz des Hawaii Volcanoes National Park nach und nach von der dünnflüssigen Pa'hoe'hoe-Lava verschluckt. Auch die Beschwörungen von hübschen, in bunten Kleidern festlich geschmückten Hawaiianerinnen haben Madame Pele nicht davon abgehalten, den Kampf mit ihrer älteren Schwester Na'maka, dem Pazifischen Ozean aufzunehmen.

Aus dem Kegel am südwestlichen Kraterhang des Pu'u O'o, dem so genannten Vent 51, brechen gewaltige Lavamassen hervor. Aufgenommen im März 1992.

Das isolierende Gesteinsdach eines Pa'hoe'hoe-Lavatunnels beginnt durch die Hitze an der Innenseite zu schmelzen. Zähe Lava tropft in bizarren, langgezogenen Formen von der Tunneldecke herab und bildet beim Erkalten spitze Zapfen, die an Stalaktiten erinnern.

Es scheint, als verspräche das weit geöffnete Feuer-Tor eine Reise zum geheimnisvollen Mittelpunkt der Erde … Blick unter die dünne Erdkruste in das glühende Innere eines Lavatunnels.

Vulkanische Land-
nahme und „-verjün-
gung": Feuergöttin
Pele breitet ihre alles
verschlingenden
Lava-Zungen über den
schönsten Camping-
platz Big Islands aus.

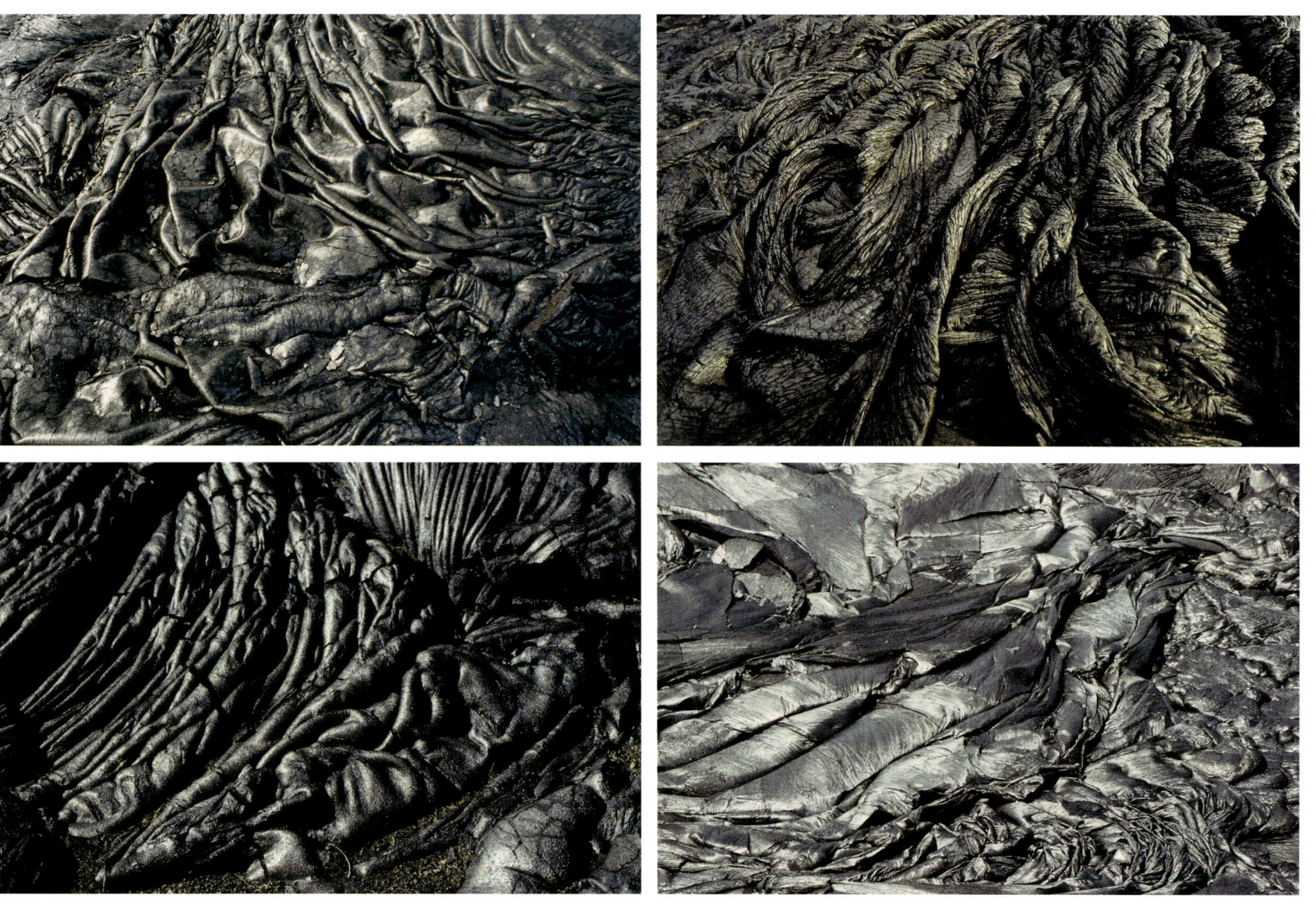

Die Oberfläche dünn-
flüssiger Pa'hoe'hoe-
Lava kühlt an der
Luft schnell ab. Eine
silbrig glänzende „Haut"
bildet sich, die von
der heißeren und
schneller strömenden
Lava darunter gedehnt,
zusammengedrückt,
gerippt, gefaltet oder
aufgeworfen wird.
Beim Erstarren entsteht
eine unerschöpfliche
Vielfalt bizarrer, ästhetischer Strukturen.

Die vom Pu'u O'o-Krater fließende Lava brennt eine breite Schneise in die Landschaft.

Ein üppiger Lavastrom erreicht den Pazifik. Die polarisierenden Erdkräfte Feuer und Wasser:
Feuergöttin Pele im Kampf mit ihrer älteren Schwester, der Meeresgöttin Na'maka.

Schöpfungs-Szenerie wie vom Anbeginn der Erde.

Phreatische Reaktionen: Spattering und Bubbling

Wolfgang Müller

Jungfräuliche Erde in Bewegung, noch weich und formbar wie Teig, der Ansturm des Meeres, das Aufeinandertreffen der Elemente: Die erste Konfrontation zwischen glutflüssiger Lava und kaltem Ozean beobachte ich an der Kaimu „Black Sand Beach" des Volcano-Campgrounds. Nachdem die Paʻhoeʻhoe-Lava den Campingplatz eingeebnet hat, erreicht ihre Front langsam den tiefschwarzen Lavastrand. Der „schwarze Sand" entstand 1955, als ein Lavastrom beim Eintauchen ins Wasser durch Reaktion mit der Brandung zu kleinsten Partikeln zerspratzte. Die Wellen haben sie im Laufe der Jahre zu noch feineren Körnchen geschliffen. Die Spannung in mir wächst, je mehr sich die Lavazunge der Brandung nähert. Jedoch, großes Erstaunen: Unerwartet ruhig, bei geringer Dampfbildung, fließt die Gesteinsschmelze in den Pazifik. Bei stärkerer Brandung überzieht sie sich mit einer schwarzgrauen Glaskruste, die beim Zurückweichen des Wassers sofort wieder aufreißt, um der nachdrängenden Glut freien Lauf zu gewähren. Heftig kochend und sprühend verdampfen auf der gefalteten Kruste zurückbleibende Wasserreste. Wird die Brandung noch stärker, ergibt sich ein verändertes Szenario: Harte Brandungswellen reißen die Lavazunge auf und zerspratzen die Lavamassen zu Fragmenten. Unter heftiger Dampfbildung werden sie durch das zurückweichende Wasser ins Meer gespült. Schließlich wird die flüssige Gesteinszunge von der Brandung sogar zurückgeworfen, sodass sie sich breitflächig aufstaut wie ein Wehr. Von Lavaklippen, die über das Ufer hinausragen, ergießen sich kleine Glutstrahlen senkrecht ins Meer. Ein skurriles Spiel zwischen Feuer und Wasser beginnt: Werden die Strahlen glühender Schmelze von der Brandung erfasst, bilden sich an ihrem Ursprung nach wenigen abschreckend kühlen Wellen Ummantelungen aus erstarrter Lava. Allmählich wachsen sie zu bizarren röhrenförmigen Skulpturen heran, die an steinerne Rüssel erinnern oder an abgeschnittene Gliedmaßen, aus denen der rote Lebenssaft herausfließt – glänzende, triefende Tentakel eines unkontrollierbaren, alienartigen Lebewesens … Die Wassermassen erfassen die Strahlen glühender Schmelze und ziehen sie beim Zurückweichen ausdünnend ins Meer hinein. Auch hier entsteht der Eindruck, dass Feuer und Wasser sich gar nicht so feindlich gegenüberstehen.

Ganz anders ist es bei voluminösen Lavamassen, die sich ins Meer ergießen. Das Wasser verdampft schlagartig und explodiert mit der Lava in einer so genannten phreatischen Reaktion. Mächtige Wolken aus Wasserdampf steigen in den Himmel. Sie sind mit ätzender Salzsäure geschwängert, die unangenehm auf der Haut und in den Augen brennt. Eine Härteprüfung – nicht nur für die empfindliche Kamera-Elektronik! Das explosionsartig verdampfende Wasser verursacht spektakuläre Reaktionen wie Spattering oder Bubbling. Bis zur ersten Bubbling-Aktion musste ich aufsummiert über zweihundert Stunden an der Küste ausharren. Aufgeschreckt durch einen lauten Knall, beobachte ich in etwa 300 Meter Entfernung extrem starke Wasserdampfbildung. Etwa zehn bis fünfzehn Meter landeinwärts blähen sich direkt über dem Erdboden Lavablasen auf, die trotz des gleißenden Tageslichts intensiv rot leuchten. Nachdem sie einen beträchtlichen Durchmesser von zwei bis fünf Meter erreicht haben, zerbersten sie mit lautem, trockenem Knall und schleudern bizarre Fragmente kugelförmig in alle Richtungen. Die Explosionen sind so heftig, dass ich die Luftdruckwellen aus meiner großen Distanz noch deutlich spüre. Wie ich gehört hatte, sind solche starken phreatischen Reaktionen zum ersten Mal 1987 intensiver beobachtet worden. Ich werde also Zeuge eines recht seltenen Phänomens. Immer wieder gehe ich spätnachmittags zur neu entstehenden

Die erstarrte Kruste eines Lava-Kliffs an der Küste bricht auf,
und leuchtend rote Schmelze quillt daraus hervor.

Lavaküste und richte meine Kamera auf die leichten Dampfreaktionen an der Küste, als eines Tages dieser typische, trockene Detonationsknall in unmittelbarer Nähe hinter mir die Luft zerreißt. Aufgeschreckt drehe ich mich um, packe in höchster Eile meine usrüstung zusammen und taste mich vorsichtig heran. Aus nächster Nähe sehe ich, wie dünnflüssige Lava in einem Loch auf der mit Rissen durchsetzten Gesteinskruste zunächst ein paarmal über den Rand schwappt, dann aufgebläht wird zu einer zwei bis drei Meter großen Kugel und schließlich vor meinen Füßen explodiert. Die glühenden Fetzen schleudern mir entgegen. Mein am Gürtel befestigtes Handtuch, mit dem ich mir alle paar Minuten den Schweiß abwische, brennt lichterloh. Ohne Helm, Brille und Hitze abweisende Kleidung wäre es hier schlecht um mich bestellt. Die Explosionen sind so heftig, dass der ganze umgebende Boden – über ein Meter mächtige Blocklava – angehoben wird. Atemberaubend, archaisch! Ein gigantisches Natur-Schauspiel lässt mich zum Ergebenen werden …

Das Phänomen Bubbling entsteht, wenn nach dem Abbrechen seewärts gelegener Lavaklippen (bench collapses) der frei liegende, mit Wasser durchtränkte Strandabschnitt von starken Lavafluten überströmt wird. Oft bilden sich nach dem Kollaps kleine Lavateiche, deren Oberfläche rasch erstarrt, weil starke Meeresbrandung die Schmelze abschreckt und aufstaut. Außerdem kann es auftreten, wenn die von der Brandung überspülte Küstenlinie durch konzentrierte, üppige Lavamassen überströmt wird und abrupt verdampfendes Meerwasser die Lava kalottenförmig aufbläht, bis zum Platzen. Ebenso tritt es nahe der Küste auf, wenn die Lava unter rissige Felsbänke strömt und die Brandung kräftig Wassermassen in die Unterspülung hinein drückt. Hierbei können meterdicke, tonnen-

schwere Felsblöcke spielerisch leicht angehoben werden. Ist die Zufuhr von Lava und Meerwasser kontinuierlich, kommt es zur Interaktion, zu fortwährendem Bubbling. Am Ende einer solchen Interaktion geht das Bubbling in einen pulsierenden Ausstoß von Wasserdampf, glühenden Lavafetzen und feinsten Gesteinstrümmern (black sand) über. Nach länger andauernden Interaktionen bleibt die Austrittsstelle als perfekt geformte Venturi-Düse zurück.

Eine weitere Interaktion von Feuer und Wasser ist das ebenso spektakuläre Spattering. Es tritt auf, wenn großvolumige, dünnflüssige Lavaströme bei heftiger Brandung mit hoher Geschwindigkeit auf den Pazifik treffen. Hieraus resultiert eine „Durchmischung" der beiden Elemente. Kleine Wasservolumina werden in der über 1.000 Grad Celsius heißen Gesteinsschmelze eingeschlossen, verdampfen abrupt und schleudern zischend Massen von Lavafetzen in die Luft. Es entsteht frischer schwarzer Sand, vermischt mit Schlacken, die sich oft zu kleinen, die Küste markierenden Hügeln anhäufen. Spattering kann als Interaktion tagelang andauern.

Über der Küste beginnt es zu dämmern. Die von der glühenden Lava illuminierten Wasserdampf-Fontänen entzünden magisch schöne Leuchtfeuer am Himmel. Unter dumpfen Explosionen spritzen Sträuße glühender Fetzen aus den quellenden Schwaden hervor. Dramatischer Kampf zwischen Feuer und Wasser – Madame Pele im ewigen Streit mit ihrer älteren Schwester Na'maka, der Göttin der Meere. Die Erde im Schöpfungszustand: Sie erzählt mir von einer Dimension, die den meisten Menschen nicht zugänglich ist und die für uns immer voller Rätsel bleibt. Hier bin ich in meinem Element. Ich kann unseren temperamentvollen „Urmüttern", den Vulkanen, nur danken – dafür, dass ich sie immer wieder neu entdecken darf.

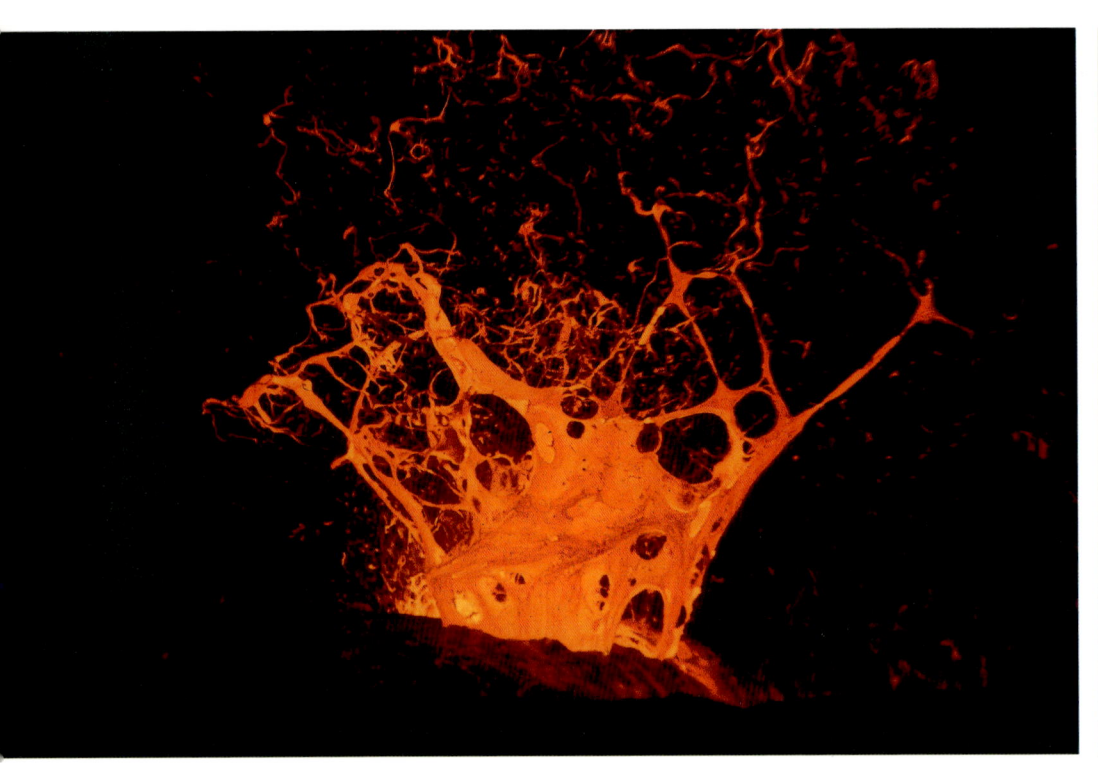
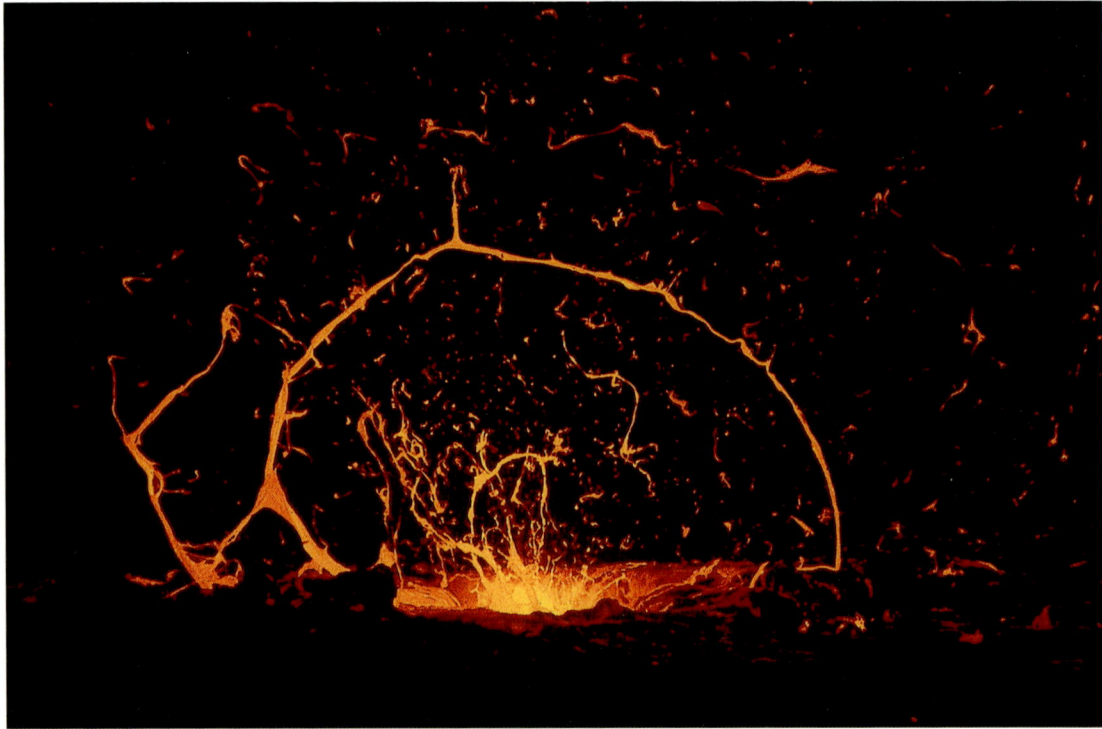

Natürliches Feuerwerk von seltener Schönheit:
Nächtliche Explosionen von Lava-Bubbles an der Küste.

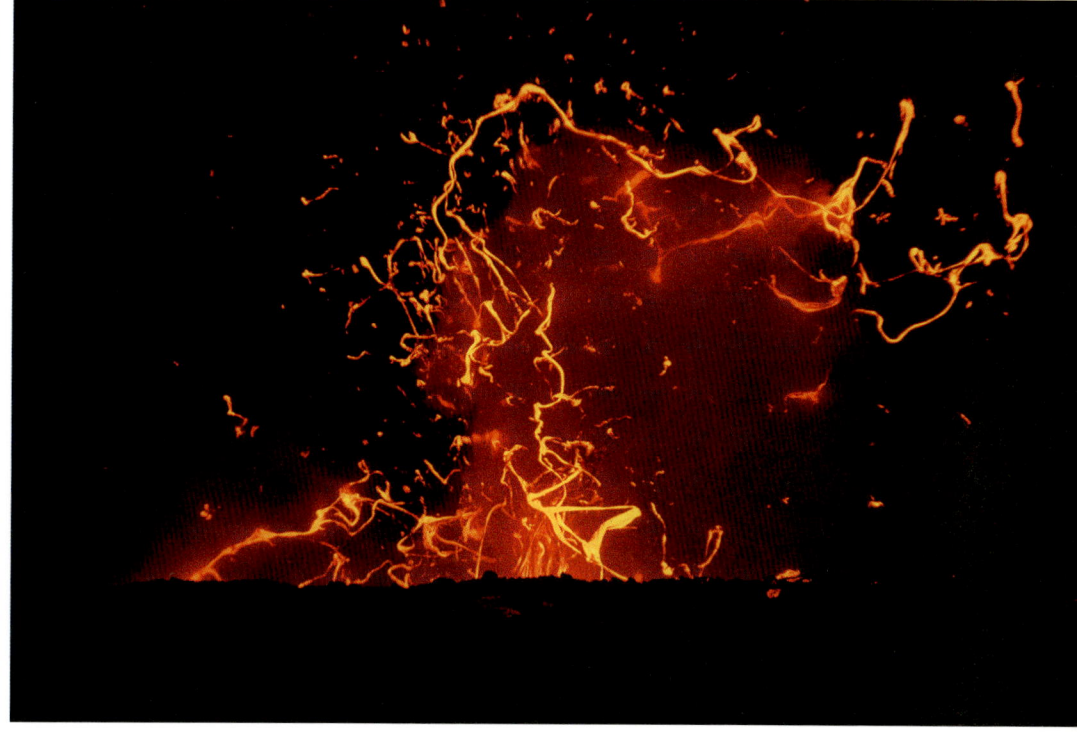

Bubbling – spektakuläre Interaktion von Lava und Wasser: Einige Meter
von der Küste entfernt blähen sich direkt über der Gesteinskruste
Lavablasen auf. Nachdem sie einen beträchtlichen Durchmesser von zwei
bis fünf Meter erreicht haben, zerbersten sie mit lautem, trockenem
Knall und schleudern bizarre Fragmente kalottenförmig in alle Richtungen.

Ich stehe auf einer sehr heißen Lavakruste. Plötzlich knistert es
unter mir, und eine Lavablase schießt hoch. Sie explodiert direkt vor
mir. Der unter der Gesteinsdecke fließende Lavastrom hatte
wassergetränkten schwarzen Sand überströmt. Das Wasser verdampfte
abrupt und erzeugte die wunderschöne Blase." Aufnahme 1997.

An der Küste von
Big Island: Über
kompakten Schichten
bereits erstarrter
Lava ergießen sich frische
Glutströme in den
Pazifik und lassen die
Insel wachsen.

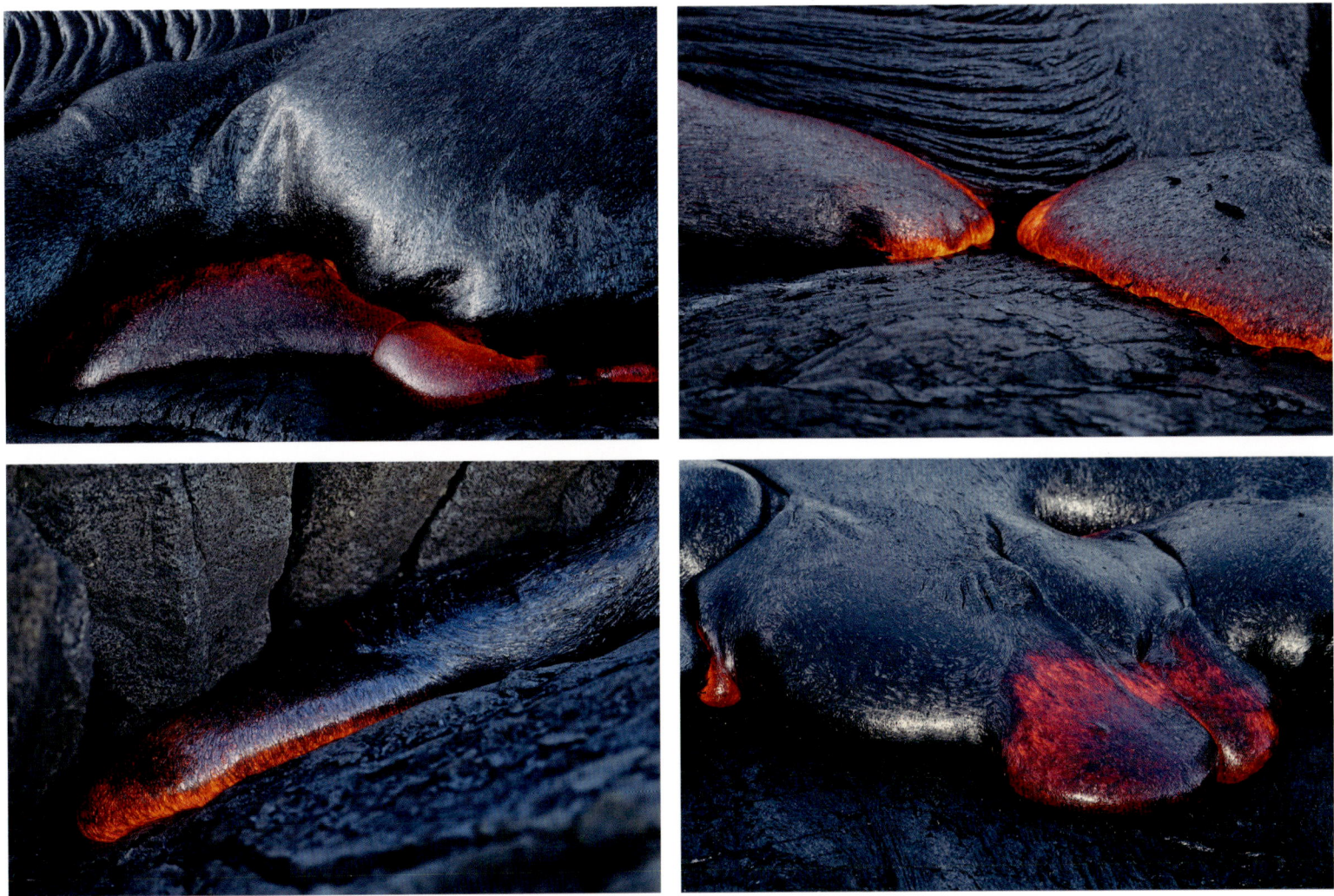

Die ästhetischen Formen fließender oder erstarrter Pa'hoe'hoe-Lava sind ein unerschöpfliches
Foto-Motiv. Die bläulich oder blausilbern schimmernde „Haut" dieser erkaltenden Lava entsteht
durch den hohen Gehalt an geschmolzenen Silikaten, die beim Kontakt der heißen Lava mit
der kühlen Luft zu schimmernden Mineralkörnchen auskristallisieren und das Licht reflektieren.

Von der brodelnden
„Feuergrube" zum kalten
Ozean – der lange Weg
der Lava ist fast zu Ende:
Glühende Schmelze
ergießt sich etwa zwölf
Kilometer vom Pu'u
O'o-Krater entfernt über
die Kliffs in den Pazifik.
Aufnahmen 1995.

Hawaii

*Feuer und Wasser – mal verläuft das Zusammentreffen der beiden
gegensätzlichen Elemente ruhig und friedlich, mal heftig und explosiv –
abhängig von der Stärke der Brandung, vom Lava-Volumen
und der Vehemenz, mit der die Schmelze in den Pazifik strömt.*

Beim Eintritt der Lava in
den Pazifik schaffen
aufsteigender Wasser-
dampf und ziehende
Wolkenberge mystische
Stimmungen.

„Der Ozean brennt": Die aufsteigenden Wasserdampf-Fontänen entzünden im Widerschein der glühenden Lava magisch schöne Leuchtfeuer.

Seit 1983 fließen die
Lavaströme des Kilauea nahezu
ununterbrochen bis zum
Pazifik. Den größten Teil
der etwa zwölf Kilometer
langen Strecke legt die
Schmelze in unterirdischen
Tunneln zurück. Auf den
Kliffs vor der Küste kommt sie
wieder an die Oberfläche.

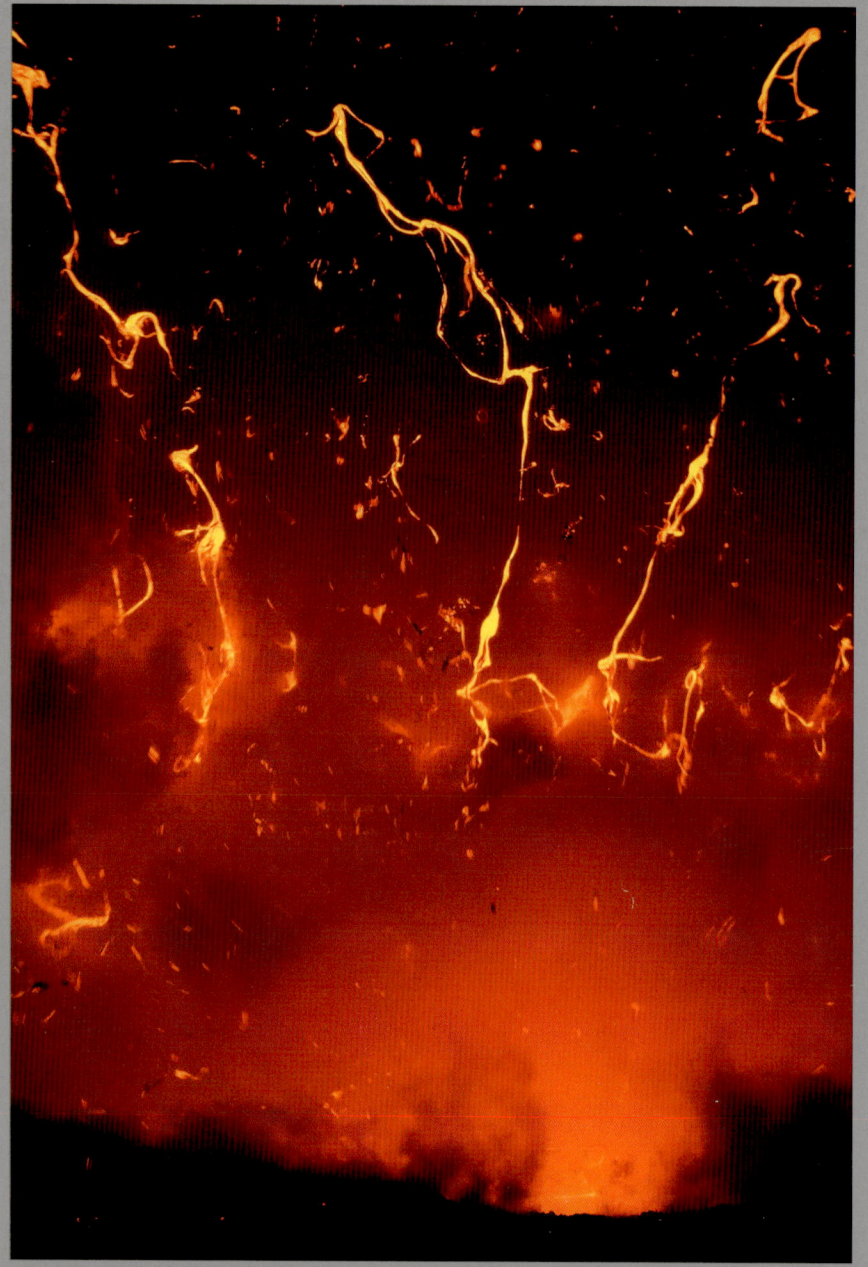

Die erkaltete Pa'hoe'hoe-Lava reflektiert das nächtliche Mondlicht, während die illuminierten Wasserdampfwolken an der Pazifikküste die Eintrittsstellen voluminöser Lavaströme markieren.

„Lava-Malerei": Der Kontakt zwischen glühender Schmelze und kaltem Meerwasser lässt bezaubernde Lava-Spritzer am Nachthimmel aufblitzen.

Feuergöttin Pele – Der wahre Kern eines „Geo-Mythos"

Klaudia Kretschmer

Es vergeht kaum ein Tag, an dem nicht am Sitz der Göttin, dem Halemaʻumaʻu-Krater, verschiedene Opfergaben – Blumensträuße, Räucherstäbchen, Orangen, Bananen, ja Zigaretten und anderes – niedergelegt werden, um sie freundlich zu stimmen. Die Hawaiianer tanzen ihr zu Ehren mit Gesang und Gitarrenspiel nach alten Traditionen. Wenn ältere Insulaner auf den hochgelegenen Lava- und Aschenfeldern am Kilauea wohlschmeckende ʻOhelo-Beeren sammeln, ist es für sie noch immer selbstverständlich, die ersten gepflückten Beeren der Feuergöttin anzubieten, bevor sie selbst von den Früchten essen. Auch eine in den Krater geschleuderte Flasche Gin wird von der Allgewaltigen nicht verschmäht. Wenn sich glühende Lavaströme auf menschliche Siedlungen zuwälzen, kann die Gefahr möglicherweise abgewendet werden, wenn Pele mit Hochprozentigem ihren Durst löscht und leicht beduselt und somit schläfrig wird …

Die Feuergöttin hat ihren Insel-Wohnsitz in der Vergangenheit immer wieder gewechselt. Einst segelte sie mit den polynesischen Entdeckern von Tahiti – aus dem südlichen Pazifik – nach Hawaii. Sie ließ sich auf Kauai (5,6 Mio. Jahre alt) im Nordwesten der Inselkette nieder, doch bald wurde sie von ihrer älteren Schwester, der Meeresgöttin Naʻmaka, angegriffen und floh daher nach Südosten, auf die Nachbarinsel Oahu (3,7 Mio. Jahre alt). Naʻmaka griff nach einiger Zeit erneut an, und Pele zog abermals weiter nach Südosten, nach Maui Nui (2,0 Mio. Jahre alt). Nach einem dritten Angriff der Meeresgöttin zog Pele zum Halemaʻumaʻu-Krater des Kilauea auf Big Island (0,4 Mio. Jahre alt), ihren heutigen Wohnsitz. Fast fünfhundert Kilometer weit war die Feuergöttin nach Südosten gezogen – von Eiland zu Eiland – während ein Vulkan nach dem anderen hinter ihr erlosch und von der Meeresgöttin in Besitz genommen wurde. In der Legende von Pele spiegeln sich geologische Fakten: die Entstehung, die geologische Entwicklung und das unterschiedliche Alter der Hawaii-Inseln muss den alten Polynesiern bewusst gewesen sein. Auch der ewige Kampf zwischen den beiden gegensätzlichen Elementen Feuer und Wasser ist darin verdeutlicht. Und das Wissen, dass das Wasser letztlich mächtiger ist als das Feuer.

Jahrhunderte nach der Geburt des Mythos nahmen sich Wissenschaftler die polynesischen Legenden genauer vor. Sie bezogen die darin enthaltenen Andeutungen über das unterschiedliche Alter der Hawaii-Inseln in ihre Forschungen ein. Die verschiedenen Verwitterungsstadien der einzelnen Inseln bestätigten die Legenden. Im Jahr 1965 veröffentlichte der kanadische Geophysiker und Geologe John Tuzo Wilson die Theorie der Plattentektonik und des Hot-Spot-Vulkanismus. Radiometrische Untersuchungen hatten ergeben, dass sich das ältere Gestein am nordwestlichen Ende der Inselkette und das neuere an ihrem südöstlichen Rand befindet. Wilson ging davon aus, dass die Inselkette von Hawaii durch einen ortsfesten Hot Spot im Erdmantel entstanden ist, über den die ozeanische Kruste langsam hinwegdriftet. Seine These bestätigte sich durch die Datierung des Gesteins.

Unter diesem „heißen Fleck" steigen gigantische Mengen glutflüssigen Magmas aus dem unteren Erdmantel empor und brennen sich einen Weg durch den Boden des Pazifik. Die Schmelze aus dem Erdinneren türmt sich über diesem Hot Spot zu einem unterseeischen Vulkan auf, der immer höher wird, bis er als Insel aus dem Meer auftaucht. Solange sich der Insel-Vulkan über dem Hot Spot befindet, wird er mit Schmelze versorgt und wächst weiter. Während der Hot Spot sehr lange Zeit stationär bleibt, wandert die Pazifische Platte von Südost nach Nordwest über ihn hinweg –

Von Wasser und Wind benagt: Die Insel Kauai bietet überwältigende Panoramen steil abfallender Felswände. In den tiefen Schluchten gedeiht eine reiche Vegetation.

angetrieben von Konvektionsströmen aus heißem zähplastischem Gestein, die im Erdmantel zirkulieren. Diese Hitzeströme entfalten ihre enormen Kräfte durch radioaktive Zerfallsprodukte im Erdinneren. Sie sind die Antriebskraft für das sogenannte Sea Floor Spreading – im pazifischen Scheitelgraben aufsteigendes Magma, das die Plattenhälften durch Reibung nach beiden Seiten auseinanderzerrt und neuen Meeresboden gestaltet. Wie auf einem riesigen Förderband entsteht ein Vulkan nach dem anderen, wird mit der Pazifischen Platte vom Bereich des Hot Spot fortbewegt, erlischt, erodiert und zerfällt. Damit bestätigte sich die These von der „Verschiebung der Kontinente", die der deutsche Geowissenschaftler Alfred Wegener bereits 1912 formuliert hatte und die von den meisten seiner Kollegen damals abgelehnt wurde. Der letzte fehlende Beweis – die Kräfte, die die Bewegung der Kontinente antreiben – war durch den Nachweis des Sea Floor Spreading erbracht.

Auf Big Island sprudelt die Lava noch in unvorstellbaren Mengen, doch aus geologischer Sicht befindet sich die Entstehung der jüngsten Hawaii-Insel im Endstadium. Die Aktivität ihrer Vulkane verlagert sich deutlich in Richtung Südosten. Die erkalteten Vulkane der Inseln Kauai, Oahu und Maui sind dank des tropisch-feuchten Klimas und der fruchtbaren vulkanischen Erde mit üppiger Vegetation überwuchert. Die feuchten Passatwinde bescheren den Inseln reichlich Niederschlag. Der 1.569 Meter hohe Mount Wai'ale'ale auf der „Garteninsel" Kauai gilt mit einem Jahresmittel von 12.340 Millimeter Niederschlag als der regenreichste Ort der Erde. Der Regen, der zusammen mit abschleifendem Schutt in Strömen die Hänge hinunterfließt, beschleunigt die Abtragung der Insel. Die Kraft von Wind und Wasser hat auf Kauai grandiose Landschaften geformt, deren dramatische Strukturen noch an die mächtigen Ur-Kräfte erinnern, die sie einst geboren haben: Raue,

Na-Pali-Küste
auf Kauai.

senkrecht in ein Hochplateau eingeschnittene Canyons durchziehen die Insel. Tausend Meter hohe Felswandungen stürzen jäh in gähnende Tiefe hinab. Silbrig glänzende Wasser-Rinnsale fräsen sich tief in das Gestein. Schwindelerregend steile Klippen stechen wie Nadeln in den Himmel. Eine paradiesische Pflanzenwelt leuchtet in den verschiedensten Grüntönen. Zahlreiche Bäche durchfließen die üppige Landschaft und stürzen über Felsabbrüche wie den Wailua Falls tosend in den Abgrund. Auf den noch nicht zerklüfteten, unzugänglichen Hochplateaus entstanden Moore, in denen gefährdete Pflanzen- und Vogelarten überleben.

Von Wind und Wasser unaufhörlich benagt, wird das Kauai der Zukunft den heutigen Überresten weiter nördlich gelegener Inseln gleichen. So ist die Insel Kaula am nordwestlichen Rand des Archipels durch die Jahrmillionen wirkenden Kräfte der Erosion zu einem sichelförmigen Felsenstumpf geschrumpft – baumlos, matt und ausgelaugt. Nur noch 165 Meter ragt der Kraterwall des einstigen Schildvulkans aus dem Meer. Die heute unbewohnte Insel ist, wie viele weitere kleine Hawaii-Inseln, als Vogel-Schutzgebiet ausgewiesen. Auf ihrer trockenen Oberfläche wachsen nur noch etwa fünfzehn verschiedene Pflanzenarten. Nichts erinnert mehr an die feurige Geburt der Insel.

Jenseits von Kaula ist die Kette erkalteter Vulkane im Meer versunken. Auf ihren unter Wasser liegenden Stümpfen siedelten sich Korallen an und bauten Saumriffe auf. Atolle entstanden – wie das etwa 27,7 Millionen Jahre alte Midway-Atoll, 2.500 Kilometer von Kauai entfernt. Dort, wo die Vulkanfundamente weitere 14 Millionen Jahre älter sind, hat die Kette einen Knick. Sie weist nach Norden. Demnach folgte die Pazifische Platte vor Urzeiten einem anderen Kurs. Wenn sie ihre Laufrichtung nicht erneut ändert, werden die Hauptinseln von Hawaii eines Jahrmillionen Jahre fernen Tages

Ein atemberaubendes, geradezu prähistorisch anmutendes „Felsen-Theater" nahe der Na-Pali-Küste auf Kauai. Tausend Meter hohe Felswandungen stürzen jäh in gähnende Tiefe hinab. Die Kräfte der Erosion haben scharfe Grate aus dem Vulkangestein modelliert und tiefe Rinnen in die steilen Wände gegraben.

– wie unzählige Vulkanruinen zuvor – in den ozeanischen Graben vor der russischen Halbinsel Kamtschatka abtauchen und eingeschmolzen. Durch die Schlote der Vulkan-Majestäten Kamtschatkas werden sie dereinst eine explosive Wiedergeburt erleben …

Wie das organische Leben in kleinste Einheiten hinein ist auch die Erdkruste in einen natürlichen „Recycling-Prozess" eingebunden, der den gesamten Erdball umspannt. Die Vulkane spielen in diesem Kreislauf eine wichtige Rolle als Erneuerer, indem sie fruchtbare Vulkanerde, nützliche Mineralien und Erze aus dem Erdinneren an die Oberfläche befördern, kurzum – all jene Elemente, denen unsere Erde ihr vielfältiges Leben verdankt.

Der jüngste durch den Hot Spot unter Hawaii gebildete Vulkan wächst etwa dreißig Kilometer vor der Südküste Big Islands heran: Der Gipfel des Loʻihi Seamount liegt noch 975 Meter unter dem Meeresspiegel verborgen. Der nördliche Fuß beginnt etwa 1.900 Meter unter dem Meeresspiegel auf dem Hang des Mauna Loa. Die Südseite erhebt sich aus viel größerer Tiefe vom Meeresboden. Von dort aus gemessen erreicht der submarine Vulkanrücken bereits eine stattliche Höhe von 3.786 Metern. Sein Alter wird auf Grundlage von Gesteinsproben auf etwa 400.000 Jahre geschätzt. Drei Schachtkrater sind in den Loʻihi eingebettet. Der jüngste der drei Krater – „Peleʻs Pit" – liegt im südlichen Bereich des Gipfels. In vielleicht 10.000 Jahren wird sich der Loʻihi über den Meeresspiegel erheben und als jüngste Insel des hawaiianischen Archipels in die Höhe wachsen. Dann ist die Magmazufuhr unter Big Island allmählich „abgeschnürt", und für die Feuergöttin wird es Zeit, eine Insel weiter zu hüpfen, um in der jugendlich-frischen Feuergrube „Peleʻs Pit" ihre neue Heimstatt zu beziehen.

Erläuterung zur Plattentektonik

Die ozeanischen Platten werden durch Konvektionsströme im Erdmantel auseinandergezerrt und tauchen unter die Kontinentalränder, sowie unter benachbarte Ozeanplatten ab. Durch Aufschmelzung der verschluckten Ozeankruste entstehen über den Abtauchzonen – den so genannten Subduktionszonen – Vulkane. Auch in den Zerrzonen bilden sich Vulkane. Der durch ortsfeste Hot Spots verursachte Vulkanismus ist dagegen nicht an die Plattenränder gebunden.

Quellen

- Hans-Ulrich Schmincke, Vulkanismus. Wissenschaftliche Buchgesellschaft Darmstadt. 2. Auflage, 2000
- Artikel aus: Mercedes – Das Magazin für mobile Menschen 4/98 · 44. Jahrgang / Nr. 275 Aug./Sept. '98 (Immer Feuer und Flamme: W. Müller)
- http://www.wissen.de
- http://www.lateinamerika-studien.at
- Uwe George, Sahara. Expeditionen durch Raum und Zeit. GEO im Verlag Gruner + Jahr, Hamburg 2001
- SAMMLUNG GEOLOGISCHER FÜHRER 69. Hans Pichler, Italienische Vulkan-Gebiete III Lipari, Vulcano, Stromboli, Tyrrhenisches Meer. 2. Auflage. Gebr. Borntraeger. Berlin, Stuttgart, 1990
- Gründel/Tomek, Liparische Inseln. DuMont Reise-Taschenbuch. Köln, 2003
- http://de.wikipedia.org
- http://www.iceland.de
- http://www.uni-graz.at
- TaschenAtlas Vulkane und Erdbeben. Dr. Harro Hess. Klett-Perthes Verlag, Gotha und Stuttgart, 2. Auflage 2006.
- Werner Schutzbach, Island. Feuerinsel am Polarkreis. Ferdinand Dümmlers Verlag, Bonn. 2. Auflage 1976.
- WDR, Sendung Quarks - Insel unter Asche, vom 28.04.1998

- Rosi/Papale/Lupi/Stoppato, Vulcani, Mondadori Editore, Milano 1999
- Montserrat Volcano Observatory (MVO) Chronology of the 1995 to 2007 Eruption of Soufrière Hills Volcano
- Vulkanausbruch auf Montserrat – 1995 bis 1998. Ein Film von David Lea und Steve Sparks. Copyright 1999, Living Letters Productions.
- Dr. Lucko Neuberg, Montserrat, ein Beispiel von Schöpfung und Zerstörung.
- S.A. Fedetov, Yu.P. Masurenkov, Active Volcanoes of Kamchatka, USSR Academy of Sciences, Far-Eastern Division, Institute of Volcanology, Nauka Publishers, Moscow 1991
- Munier/Konevskaya, Kamtschatka. Knesebeck GmbH & Co. Verlags KG, München 2008
- http://www.panda.de
- GEO Nr. 12/Dezember 1995: Kamtschatka – In den Pforten der Hölle. Text: Uwe George
- Hans und Thomas Pichler, Vulkangebiete der Erde. Spektrum Akademischer Verlag. Elsevier GmbH, München 2007
- Ein Leben mit den Feuerbergen. Aus der Reihe: Länder, Menschen, Abenteuer. Produktion: Franz Lazi Film, Stuttgart. SWR Copyright 2000
- www.mtsu.edu/~fbelton/latestnews.html

- www.guni.co.at
- www.benwilhelmi.com
- Simon Winchester, Krakatau. Der Tag, an dem die Welt zerbrach 27. August 1883. btb Verlag Juni 2005
- GEO special Nr. 6/Dez. 1996: Uwe George, Am Puls der Welt-Maschine. Inseln aus Feuer geboren, in Feuer begraben: Auf Hawai'i beobachten Wissenschaftler die Temperamentsausbrüche der Erde.
- Hawaii – Die Wildnisse der Welt. Von Robert Wallace und den Herausgebern der Time-Life Bücher. Copyright 1974 Time-Life International (Nederland) B.V.
- Herb Kawainui Kane, HAWAII – Pele. Goddess of Hawai'is Volcanoes. Library of Congress Catalog Card Number 87-81076. Copyright 1987
- Gordon A. Macdonald, Agatin T. Abbott, Frank L. Peterson, Volcanoes in the Sea. The Geology of Hawaii. University of Hawaii Press, Honolulu 1970
- Müller W., Fröhlich J., Zimanowski B., Interactions between lava and sea water (Kilauea volcano, Hawaii). Workshop on „Seismic Signals on Active Volcanoes: Possible Precursors of Volcanic Eruptions". Nicolosi, (Italy) 21 – 25 September 1994
- Lava-Water-Interactions during the inflow of lava into the sea in Hawaii, USA. Bernd Zimanowski, Georg Fröhlich, Wolfgang Müller, Proceedings of A Multidisciplinary International Seminar on Intense Multiphase Interactions. June 9-13, 1995 Santa Barbara, California

Glossar

Aa-Lava
Relativ zähflüssige, zu rauen, locker übereinander geschichteten Brocken und Schollen erstarrende Lava. Wird auch als Brockenlava bezeichnet.

Adventivkrater / -kegel
Nebenkrater auf der Flanke eines Vulkans.

Asche
Feinstes vulkanisches Auswurfmaterial (Durchmesser unter 2 mm).

Bombe
Im Fördersystem durch Abschmelzung der Extremitäten spindel- oder eiförmiger Lavabrocken.

Brotkrusten-Bombe
Vulkanische Bombe mit einem hellen Tuffkern und einer dunkler erscheinenden, brotkrustenartig aufgeplatzten Rinde.

Caldera
Spanisch: „Kessel". Entsteht durch Einsturz einer entleerten Magmakammer – entweder abrupt infolge einer großen Eruption oder über einen längeren Zeitraum infolge von Erosion.

Kissenlava
Unter Wasser austretende Lava, die durch Abschreckung kissenartig erstarrt.

Lapilli
Italienisch: „Steinchen". Entgaste Lavapartikel von 2 bis 64 mm Durchmesser.

Lava
Aus Vulkanen gefördertes Magma wird als Lava bezeichnet, sobald es an die Erdoberfläche ausgetreten ist.

Lavadom
Eine kuppel- oder säulenförmige Aufstauung aus sehr zäher, kaum fließfähiger, gasreicher Lava, die sehr instabil ist und kollabieren kann. Ein Dom entsteht direkt über der Austrittsstelle der Lava und verschließt den Vulkanschlot nach oben wie ein Pfropfen. In der Folge kann sich der Druck im Inneren des Vulkans explosionsartig entladen.

Magma
Unentgastes, flüssiges Gestein unter der Erdoberfläche.

Pa'hoe'hoe-Lava
Dünnflüssige Lava mit glatter Oberfläche und höherer Temperatur als Aa-Lava.

Paroxysmus
Meist mit schwacher Aktivität beginnender, sich dann rasch steigernder, heftiger Vulkanausbruch, der in der Bildung hoher Aschen-, Gesteins- und Lavafontänen kulminiert. Diese Eruptionsform ist kurzlebig und tritt meist in Zyklen auf.

Pele's hair
Bei Lavafontänen von dünnflüssiger, hoch temperierter Lava wird das flüssige Gestein hoch geschleudert, dünnt sich durch den Luftwiderstand vorhangartig aus und es bilden sich feine, goldfarbene Glasfäden.

Phreatische Explosion
Heftige Explosion, bei der Wasser beim Kontakt mit Magma (oder Lava) schlagartig verdampft.

Pyroklast
Der Begriff setzt sich aus den griechischen Wörtern „Feuer" und „zerbrochen" zusammen. Ein Gesteins-Fragment, das während einer explosiven Eruption durch Zerreißen oder Zerbrechen aus (glutflüssigem) vulkanischem Auswurf entstanden ist. Unter Pyroklasten werden Aschen, Lapilli, Blöcke und Bomben zusammengefasst.

Somma-Vulkan
Ein Vulkan, in dessen Gipfel-Caldera sich ein neuer Vulkankegel gebildet hat.

Stratovulkan
Auch Schichtvulkan genannt, von lateinisch „stratum". Der Vulkanbau setzt sich aus überlagernden Schichten von Lava und Lockermassen zusammen. Charakteristisch ist die relativ steile, spitzkegelige und sehr ästhetische Form. Bekannte Vulkane dieses Typs: Der Fujisan in Japan, der Klyuchevskoy und der Kronotzky auf Kamtschatka.

Strombolianische Aktivität
Häufiger Auswurf in kurzen Zeitabständen von Aschen, Lapilli und glühenden Lavafladen in geringe bis mittlere Höhen.

Subduktionszone
Bereich der Erdkruste, an dem die schwere ozeanische Platte unter die andere (ozeanische oder die leichtere kontinentale) Platte abtaucht und im oberen Erdmantel wieder aufgeschmolzen wird.

Tuff
Abgelagerte und zu Tuffstein verfestigte Vulkan-Aschen (mit Einsprengseln größerer Auswurfprodukte).

Impressum

Umwelthinweis:
Der Inhalt dieses Buches wurde auf Papier
mit chlorfrei gebleichtem Zellstoff gedruckt.
Das Einbandmaterial ist recyclebar.

Die Deutsche Bibliothek – CIP Einheitsaufnahme

Vulkane hautnah – Augenblicke der Schöpfung
Wolfgang Müller, Klaudia Kretschmer
Steinfurt; Tecklenborg Verlag, 2012
ISBN: 978-3-939172-88-8
1. Auflage 2012

Layout: Stefan Engelen, Klaudia Kretschmer

© 2012 by Tecklenborg Verlag, Steinfurt, Deutschland
Alle Rechte vorbehalten

Gesamtherstellung: Druckhaus Tecklenborg, Steinfurt

ISBN: 978-3-939172-88-8

Danksagung

Meiner ehemaligen Frau Helga danke ich für ihre tatkräftige Unterstützung auf vielen gemeinsamen Reisen, für das geduldige Verständnis, das sie meiner Vulkanleidenschaft entgegenbrachte und für die Bewältigung unsäglicher Strapazen, die sie – gemeinsam mit mir auf den Feuerbergen dieser Welt unterwegs – immer wieder ausgehalten hat.

Das Buch wäre in dieser Form nicht zu Stande gekommen ohne unseren Herzensbruder Nino Mazzaglia, einen wunderbaren und vom Ätna „besessenen" Menschen. Für die mir gewährte Bewegungsfreiheit und die Unterstützung während meiner Aufenthalte auf der mächtigen Vulkandame Ätna danke ich Nino Mazzaglia, meinen Freunden Alfio Mazzaglia, Giovanni Tomarchio, Peppino Furnari, Turi Carbonaro, Turi Doca, Turi Nicolosi und allen sizilianischen Ätnaführern sowie der gesamten Mannschaft der Funivia dell'Etna.

Großer Dank an Antonio und Orazio Nicoloso, Vittorio Scribano, Mauro Coltelli und Rolf Schick, mit denen ich prägende Ätna-Erlebnisse teile. Besonderer Dank gilt meinem Freund Larry Malone, der mir auf der südöstlichen Flanke des Ätna ein herrlich gelegenes kleines Heim geschaffen hat. Großer Dank gilt auch der HVO und dem Volcanoes National Park auf Big Island/Hawaii. Herzlich gedankt sei allen, die uns auf Kamtschatka mit begeisternden Erlebnissen und rührender Gastfreundschaft beschenkt haben, insbesondere dem Geophysiker Evgenij Gordev, Chef des Vulkanologischen Instituts in Petropavlovsk, seiner Frau Ljuba und dem Chefgeologen Viktor Okrugin sowie dem leitenden Geophysiker und seiner Frau in Klyuchi.

Schließlich hatte ich das Glück, meiner Partnerin und Co-Autorin, der Grafik-Designerin und vulkanbegeisterten Klaudia Kretschmer zu begegnen, die mich ermutigte, dieses Buch gemeinsam mir ihr zu veröffentlichen. Bei der Sondierung der Kapitel, der Bildauswahl und vor allem bei der kritischen Überarbeitung meiner Texte war sie mir eine entscheidende Hilfe. Dem Tecklenborg Verlag sei herzlich gedankt für die Verwirklichung eines langgehegten Buchprojektes.

Dieses Buch ist allen Menschen gewidmet, die sich für den Schutz und den Erhalt der Natur engagieren.

Bildnachweis

Alle Fotos von Wolfgang Müller, außer:
Helga Müller: Seite 6, 8, 9, 11, Umschlag hinten.
Klaudia Kretschmer: Seite 10, 14/15, 34, 36, 38, 56, 58, 59, 94, 102/103,
Ehepaar Hörmann, Stuttgart: Seite 26.
Angelika und Werner Thieme: Karte Plattentektonik Seite 212/213.

Fotos im Vorsatz/Vorspann:
Vorsatz: Ätna, Bocca Nuova, Juli 1992.
Seite 2: „Blow Hole" auf der Ostflanke des Süd-Ost-Kraters, Ätna 2004.
Seite 4: Nächtlicher Paroxysmus des Süd-Ost-Kraters, Ätna Juni/Juli 2001.